伊比利火腿

的一切

Yu Yu Chen

陳又瑜 /著

從產地、氣候、小農文化、工藝製程到飲食搭配，
完全解析伊比利火腿的美 ✦ 味 ✦ 祕 ✦ 密

U0049674

Del cerdo ibérico me gustan hasta los andares

伊比利火腿的一切

從產地、氣候、小農文化、工藝製程到飲食搭配，
完全解析伊比利火腿的美味祕密

作　　　者	陳又瑜Yu Yu Chen
執 行 長	陳蕙慧
總 編 輯	曹慧
主　　　編	曹慧
行銷企畫	陳雅雯、尹子麟、張宜倩
美術設計	比比司設計工作室
社　　　長	郭重興
發行人兼出版總監	曾大福
編輯出版	奇光出版／遠足文化事業股份有限公司
	E-mail：lumieres@bookrep.com.tw
	粉絲團：https://www.facebook.com/lumierespublishing
發　　　行	遠足文化事業股份有限公司
	http://www.bookrep.com.tw
	23141新北市新店區民權路108-4號8樓
	電話：（02）22181417
	客服專線：0800-221029　傳真：（02）86671065
	郵撥帳號：19504465　戶名：遠足文化事業股份有限公司
法律顧問	華洋法律事務所 蘇文生律師
印　　　製	呈靖彩藝股份有限公司
初版一刷	2021年7月
定　　　價	400元

有著作權‧侵害必究‧缺頁或破損請寄回更換
歡迎團體訂購，另有優惠，請洽業務部（02）22181417分機1124、1135
特別聲明：有關本書中的言論內容，不代表本公司/出版集團之立場與意見，文責由作者自行承擔

國家圖書館出版品預行編目（CIP）資料

伊比利火腿的一切：從產地、氣候、小農文化、工藝製程到飲
食搭配，完全解析伊比利火腿的美味祕密／陳又瑜著. – 初版. –
新北市：奇光出版，遠足文化事業股份有限公司，2021.07
　　面；　公分
ISBN 978-986-06506-2-4（平裝）

1.食品加工　2.肉類食物　3.火腿

439.6121　　　　　　　　　　　　　　　　　110008479

線上讀者回函

西班牙商務辦事處
處長序

Eduardo Euba │ 西班牙商務辦事處處長

應作者陳又瑜之請，我很榮幸為此書撰寫推薦序。

身為專業火腿侍肉師和WSET認證品酒師，作者陳又瑜提供讀者大量寶貴的資訊，詳細介紹西班牙美食界的巨星之一：伊比利火腿。書中，我們可以找到有關伊比利豬的不同品種、飼養方式（尤其是Montanera這種Bellota等級放牧於橡果季的天然養肥續脂方式）、熟成、營養特性等構成這一獨特傳奇產品的詳細資訊。

作者同時引用西班牙文學小說對火腿的敘述互相輝映，如《唐吉訶德》（1605）等，更應證了美食與文化之間密不可分的關係。書中並推薦精選的烹飪食譜、特色餐館以及西班牙葡萄酒，搭配上好的火腿，更是一大享受。

閱讀這本書就像探索了一趟滿足味蕾的西班牙美食之旅。如果在閱讀時搭配一點西班牙火腿和一瓶西班牙葡萄酒，您將更完美體驗這趟旅程。

祝您旅途愉快，盡情享受。

一生的志業，
對我來說很浪漫

法蘭西斯・克瑞斯科Francisco Carrasco｜伊比利火腿Carrasco廠第四代傳人

　　當我閉上眼睛，我聞到早晨的露珠，伴隨著橡樹林濕潤的土壤氣味。我感受到第一道曙光，揭開橡樹林場每天的序幕，伊比利豬隻自由自在地漫步在樹林間，展開牠們的橡果派對，找尋著一顆顆又大又甜的橡果。這時氣味延續到火腿風乾場，在那裡正是一個神奇的寶盒，不同的味道出現、結合，以及變化。有火腿鹽醃室的氣味、烘烤核果的淡淡香氣，以及花香。

　　這些正是我兒時的記憶，小時候不自覺的嗅覺被訓練得相當靈敏，火腿廠的香氣依據不同地點和時節，皆有所差異。這些嗅覺的記憶，現在像是一張張圖像般常常在我腦海中出現。我也記得小時候和哥哥姊姊在火腿廠穿梭，陪著爸爸開、關窗戶，已經數不清多少次，就是為了要配合當季風向，讓風乾場有最佳的通風環境，並達到父親所要求的溫度及濕度。

　　我們所做的，儘管只是開關窗戶，但若是沒有正確操作，對於火腿的成果影響甚鉅，需要依據火腿的外觀做變化。一天之中吹拂的風有溫度變化，更不用說一年四季下來需要注意的細節，要了解大自然的變化，讓火腿掛在適合的位置，以達成伊比利火腿最佳的風乾與熟成結果。

　　寫到這裡，其實從來都沒想過有人會請我為她的書寫序，對我的職涯和生活是個驚喜，也讓我非常期待這本書的誕生。更特別的是，我親愛的

同事又瑜以深入淺出的方式介紹伊比利火腿，並以台灣人的觀點，分享這西班牙最具代表性的美食。我常常在想，對於來自其他文化的朋友，伊比利火腿除了味覺之外，他們對於伊比利火腿的感受是什麼？

對我來說，最重要的莫過於最終的享受時刻，可以獨享，更建議共享。當一片片火腿入口，看到眼前的空盤，味覺的旅程產開，味蕾上有不同味道的融合，香氣伴隨在每次咀嚼中，油潤的脂肪是腦海中維持最久的香味，火腿有淡淡的甜味，窖藏後帶有輕微的氧化氣息。僅用好吃與否是不足以形容火腿的，我喜歡聽別人說他們對於火腿的感受，藉由他們的闡述，讓我知道如何與他們溝通，並找尋我們之間的連結。

我也常常與不同的廚師聊天，我問他們是如何創造出不同的菜餚，有幾次聽到廚師跟我解釋說，他們會設想客人在品嘗菜餚時的感受，這樣一來可以激發廚師的潛能。我們Carrasco Ibéricos也是有志一同，不論放牧、風乾場的不同工序，在在用心去做，最重要的是客人吃到我們火腿時的喜悅，才是我們做這行的初衷。

伊比利火腿上的標籤顏色、火腿製程、網路評論，以及品質鑑定，都不是消費者需要去執著的部分。因為這些專業並不能帶給你味覺上的享受，所以我喜歡跟人家分享伊比利火腿的種種。伊比利火腿雖然是西班牙傳統產業，仍需與每天都在變化的社會有所連結，在這條路上，需要無比的熱忱、好奇心，並有全心全意把事情做好的堅持，這也是本書所傳達的訊息。

我和又瑜有同樣的期望，就是以來自遠方的伊比利火腿，拉近同是愛好美食、愛好不同文化，又有悠久飲食傳統的你我距離。

¡Viva el jamón! 敬火腿！

Una vida dedicada al jamón

Cierro los ojos y huelo el rocío de la mañana en la dehesa. Los primeros rayos de sol que iluminan el bosque de encinas, los cochinos campando en total libertad mientras se dan el festín de esa bellota dulce y fresca. No hay tantas imágenes en el reino animal como esta. Sigo sin abrir los ojos y me transporto a las bodegas. Aquí empieza el laberinto de los olores. El olor cárnico del jamón embadurnado de sal, frutos secos, tostados, florales...

Creo que son todos registros de mi niñez. Muchas veces necesitas educar tus olores para identificar qué tienes delante. Seguramente este inventario de imágenes lo tengo desde el tiempo en que de niños paseábamos con mi padre y jugábamos entre jamones, abriendo y cerrando ventanas para buscar la ventilación óptima de la bodega. Cada detalle cuenta y hasta los vientos hacen comportarse y resguardar a nuestros jamones. El viento gallego, el solano... A cada uno se le aplica una medida.

La verdad es que nunca imaginé que alguien me pediría escribir el prólogo de su libro. Y realmente me he sentido tremendamente halagado hasta el punto de querer formar parte de esta iniciativa que tanto me toca de lleno a nivel profesional y como modo de vida. Lo más importante para mí es que mi querida Yu Yu se meta de lleno a hablar sobre el icono de la gastronomía española: el jamón ibérico.

Siempre me ha intrigado cómo alguien de otra cultura percibe lo que es este maravilloso producto y cuáles son sus sensaciones más allá de las características organolépticas.

No puedo entender el jamón sin pensar en el después, el plato vacío, el comentario de cómo se ha comportado en mis papilas gustativas, en su perfume,

en la grasa que persiste en mi mente, en el equilibrio del balance del dulzor, amargor y oxidación controlada. No me vale la superficialidad del bueno, del rico o del malo. Quiero saber y que me cuenten a qué sabe de verdad. Seguramente busco ese camino de la conexión de los sabores, olores, textura para generar vínculos con la gente.

A menudo le pregunto a algunos cocineros cómo llegan a elaborar sus platos. Los que de verdad me emocionan son los que empiezan a elaborar en función de las sensaciones que imaginan aquellos que degustan sus platos. Para nosotros es lo mismo: en la primera etapa, la producción, ponemos el corazón. Y después, la cabeza.

La búsqueda de la etiqueta, los procesos, los comentarios populares, las normas de calidad no deben formar parte del consumidor. Son tecnicismos que no generan placer. Me gusta contar, enseñar, compartir, por qué esta cultura de producto es tan auténtica.

Por eso creo que la gente que nos acompaña en este mundo necesita pasión, calma, minuciosidad, determinación, observación y visión de los cambios que llegan cada día más rápido.

Comparto el deseo con Yu Yu de acercar este maravilloso producto a tierras lejanas, gentes deseosas de la búsqueda del placer, la elegancia, la cultura del producto y generar lazos que nos unan.

¡Viva el jamón!

Francisco Carrasco
La cuarta generación de Carrasco Ibéricos

西班牙美食傳統的
完美詮釋

王儷瑾｜西班牙官方持照導遊

　　自古以來，西班牙人就重視各式專業，早在中世紀前期，工匠們為了慶祝所屬行業的主保聖人節慶而成立工會組織，這工會組織後來漸漸形成獲得政府正式認可的行會機構。到了中世紀時期，每個同業工會都有集會的場所和組織規章，訂定會費、工作技術、使用的道具、製造和銷售的標準，以控制價格、監管工藝、檢驗產品、職業訓練等，如果要從事某種行業，就要先加入其同業工會，先從階級最低的學徒做起。在工坊裡跟大師住個三到六年，算是一邊學一邊做的無薪勞工，等到學徒熬出頭，通過考試，就是領薪水的工匠了，而等到通過更艱深的考驗之後，就成為大師，可以自己開工坊、收學徒。

　　這種重視專業的傳統至今仍反映在西班牙人的生活上，其中一種就是舉國上下對傳統美食的堅持，政府甚至訂定美食相關法律，除了明文規定食品檢驗標準、確保食品安全之外，還明文保護傳統甜點的製造方法、法定的地理標示（原產地名稱保護制度）、傳統特產保證標誌（獨特的產品使用傳統材料或按照傳統方式製造）、醃製加工肉類的分類、製造西班牙火腿的完整過程（從豬的品種、豬群的養殖、火腿的製造方式都有規定）等，

一條條的法律條文把每個食物食品的定義、製作方式、製作過程、相關規定等都寫得清清楚楚，然後跟其他法規資料公布於官方公報 BOE（Boletín Oficial del Estado）上。舉例來說，就好像台灣有法律條文明文規定製作傳統香腸、高粱、月餅、鳳梨酥等的原料、生產、製作方式一樣。

所以，2007年我在準備西班牙的官方導遊考試時，考試範圍不但包括當地的藝術、歷史、傳統、博物館和古蹟等，還包括「各地的農牧特產、佳餚美食以及美食文學」、「各地的傳統節日、慶典及相關美食」、「各地特色美酒的起源、名稱、製作方式及其特徵」、「各地的展會和農牧市集」等美食相關知識。

後來，考上官方導遊執照，開始帶團之後，我開始正式接觸西班牙美食的不同層面，從餐廳、品牌、製造方式、生產企業都有，從安排媒體採訪西班牙名主廚、知名餐廳，到帶團去餐廳吃美食、參觀酒莊、參觀伊比利豬放養地、參觀伊比利火腿場等，在這十幾年間，不知不覺地跟西班牙的美食界有很深的接觸，認識了很多西班牙美食界的朋友。在這些人中，又瑜應該算是唯一的華人了，我們兩人是因為伊比利火腿而結識的，因為她在伊比利火腿百年品牌Carrasco任職。

伊比利火腿舉世聞名，而西班牙四代傳承的Carrasco就是其中一個專致於生產橡果飼養的伊比利火腿百年品牌，他們家的伊比利黑豬野放養在橡樹林，以橡果為食，他們家的火腿外觀紋路細膩，具亮澤的瑰麗紅，聞起來味道馥郁，嘗起來肉質多汁，油脂在口中慢慢融化後，齒間留香。

所以，當又瑜跟我說她寫了一本關於伊比利火腿的專書時，我就搶著要先看書稿。不過，又瑜把書稿給我時，忘了提醒我，要先吃飽再看稿，不然會越看越餓，結果，我看到最後還真的要去廚房拿一片火腿來吃，不然，實在無法解饞。

　　看完書稿之後，真心替中文讀者高興，因為關於伊比利火腿的中文書籍很少，而由伊比利火腿製造業這一行的專家寫的中文書籍更少，這本書深入淺出的談論西班牙火腿，從火腿歷史、火腿產區、伊比利豬的飼養方式、火腿的製程、品嘗搭配方式到食譜等，一一介紹，讓讀者對西班牙火腿有全面的了解。

　　在又瑜筆下，西班牙火腿不再只是西班牙的一種美食，而是一種文化，是西班牙美食傳統的完美詮釋。

　　希望大家也能跟我一樣喜歡這本好書！

從真實的體驗
寫伊比利火腿

西班牙小婦人 ｜ 《西班牙感動進行式》作者

　　記得我第一次踏上西班牙看到滿桌的開胃小菜時，很緊張地問在座的西班牙友人：「我可以用手直接拿嗎？還是一定得用刀叉？」大家都笑了，說：「妳就用手拿。來，嘗一片西班牙人最引以為傲的伊比利火腿，保證妳會喜歡。」

　　那天應該是我跟西班牙伊比利火腿的第一次接觸吧，實在太驚豔它的口感，所以我這個初抵西班牙的外國人，開始對著白盤上的火腿研究了起來。我想，切這火腿的人一定有很細膩的刀功，盤裡每片火腿的厚薄和大小都差不多，白色油脂均勻地分布在略呈櫻桃紅的火腿片上，擺起盤來就像是一大朵盛開的紅花。友人怕我不認識伊比利火腿，趕緊又說：「妳現在吃的這款是Bellota Ibérico火腿（橡樹林放養的伊比利火腿），那是用飼養在自然牧場中，只吃橡果、香草及天然食物的伊比利豬，用三年以上的時間醃製風乾而成的。」

　　於是在西班牙的這些年來，火腿成了我最愛的美食之一，連台灣家人來旅遊時，也都情不自禁愛上火腿，尤其小孩們的味蕾特別厲害，好吃與不好吃的火腿，都能輕易嘗出來。我也曾試著跟家人介紹伊比利火腿的種

種，可就覺得自己像個門外漢，說不清道不明的。

去年春天西班牙疫情大爆發時，因緣際會我認識了又瑜，她是西班牙火腿品牌Carrasco的國際推廣人（對，這個品牌也是我的最愛），同時也是火腿侍肉師和品酒師，從她那裡，我學習到許多關於火腿的知識，明瞭好吃的火腿得來不易，不只要細心飼養伊比利豬，還需專業知識與品牌文化並進，才能把最好的伊比利火腿呈現在市場上。

去年她跟我：「我想開始練習寫作，希望提高自己的文字表達力。」幾個月後，她在臉書《食在伊比利》專頁分享。每一次，我都能透過她細膩的觀察與不做作的文字表達，感受到她對每一項食物不凡的職人精神。

前段時間，她問我：「你能幫我的新書寫推薦序嗎？」

什麼？新書？推薦序？

「是啊，我發現好多人對伊比利火腿有錯誤的認知，我很想寫一本書，幫助大家進一步來了解火腿……」雖然那時只是用訊息來聊天，但我確定我透過文字聊天的過程中，感受到她的真誠，還有對食物的敬意，就好像那是她的使命，非完成不可。我想，我比任何人都開心她出版這本書，很欣賞她對火腿的熱情，以及從不間斷的學習精神。

又瑜，謝謝妳與我們分享妳的體驗！讓我們趕緊翻到第一頁，一起進入西班牙伊比利火腿的世界吧。

跟又瑜一起發現
西班牙的另一種美

凱若｜暢銷書作家、MiVida 就是生活創辦人、Carrasco Ibericos 台灣獨家代理商

　　和又瑜相識的機緣非常奇妙！2019年，我們一家因為追太陽而從德國搬到西班牙，創立「MiVida 就是生活」歐洲選品網站，將我們喜歡的歐洲好物進口到台灣。而就在我們研究起西班牙伊比利火腿時，百年老字號的Carrasco在MiVida團隊的試吃評比中，無異議成為我們「最熱愛品牌」，深入研究他們的品牌故事之後更覺得理念契合，進而決定接觸他們，看看有沒有合作機會。

　　西班牙同事致電Carrasco時才意外地發現，這經典品牌的國際業務部門是由一個台灣女生負責，立刻就將又瑜的聯繫方式轉給我。兩個台灣同鄉就在電話上聊得不可開交！十分開心。也在聊天的過程中更加了解這家百年火腿廠一路走來的精采故事。熱愛伊比利豬的兄弟檔經營者法蘭西斯與阿塔納裘兩人，堅持不隨著市場起舞，持續飼育出家族驕傲的豬隻，這樣的精神更是讓人敬佩！很榮幸地，126年歷史的Carrasco願意將台灣的獨家代理權交在一個甫成立一年的年輕團隊手上，正因為我們兩者都相信「經營品牌」與「傳遞文化」是比搶市占率更重要的事。

因此，我們每天更認識伊比利豬這個西班牙淵遠的文化，時常詢問又瑜許多專業或不專業的問題。台灣消費者對於伊比利豬肉或火腿才剛剛開始認識，市場也非常混亂，多半看看網路，或聽一些網紅或店家的宣傳說法，當中有許多是不夠準確，甚至錯誤的資訊。即便是通曉切火腿技術的切肉師，也多數沒有經過火腿知識的專業訓練。越是了解，我就越希望成為「伊比利豬的傳教士」，渴切將這些有趣的知識傳達給消費者。所以當聽說又瑜要寫這本書時，甚感喜悅！終於，台灣的朋友也能更知道究竟是什麼讓伊比利火腿這麼特別。知道的越多，也就越能盡情享受箇中滋味。

這本書，全是又瑜第一手在西班牙火腿行業的經驗與知識。沒有轉手的網路訊息，沒有偏差的銷售話術。在為Carrasco服務之前，又瑜曾經在工業化的肉品公司任職，看到包裝廠裡大小一模一樣的雞腿，豬肉如何被量產，動物被圈養的惡劣環境，決定遠離，選擇珍惜人文、動物、環境的企業。也從加入了這個西班牙家族事業，更認識西班牙人對於「吃」的熱愛與尊重，這點與台灣人真是如出一轍。每回與又瑜聊起工作，她雖然忙碌，卻永遠富有熱情！這，我想就是她的「伊比利天命」吧！

Carrasco家族四代都是靠伊比利豬生活，經營者兄弟倆唯一的志願，就是認真把豬養好，讓牠們在山中生活、自行覓食、吃橡子，用最自然的方式讓牠們增肥，這就是他們家族一直以來堅持的方式。然而這也代表著高昂的成本，每日每年的辛苦勞動，當然還得靠天吃飯！如又瑜所說，一盤火腿「承載的是兩年來對伊比利豬的細心飼養，加上三年以上火腿的風乾

與熟成，至少五年以上的時光」，「每一條腿都是限量版」啊！

這，當然與目前市場講求量產和快速的方式天南地北。然而堅持原則，仍舊會有一群死忠追隨者的！許多西班牙與國際美食家、名廚與五星級飯店，都只指名選用他們的豬肉與火腿。這些懂伊比利的行家支持者，也得以讓這個百年經典品牌歷久不衰。

這本書，就是熱愛美食的台灣女生，與西班牙悠久的伊比利文化的對話。除了講述關於伊比利豬與火腿的專業之外，還有餐酒／茶搭配的豐富建議，以及在西班牙可以享受伊比利豬美食的好去處。字裡行間，充滿她對人文與環境的疼惜，以及一種溫柔卻堅毅的堅持。

美食，不只是味覺的享受，更能感受得到當地的自然生態、職人的堅持，以及人與人之間最珍貴的情感。誠摯將這本好書推薦給對美食、文化保存、食材市場，或單純對西班牙這國家有興趣的朋友！歡迎來到伊比利的世界！

Contents ———— *Del cerdo ibérico me gustan hasta los andares*

〈自序〉

我愛
伊比利豬
的一切，
包括牠
走路的
模樣

Amelia

插畫：春語

這幾年在臺灣多家餐廳，或是進口超市都可見到伊比利火腿，卻常常聽到許多對於這食物的誤解或迷思。

「你要買這個，是40個月的。」

「這切片的顏色比較深，感覺比較有年分。」

「有侍肉師在切火腿，問他看看這火腿是哪個產區的。」

「這品牌人家說是最高等級的，買這比較好。」

「標籤上寫上伊比利豬的血統是100%，感覺比較高貴。」

「這豬肘比較細，豬的運動量肯定比較大。」

聽到這些評論時，我常常笑而不答，因為解釋起伊比利豬並非三言兩語即可說清。伊比利火腿被列為世界級珍饈，也是傳奇食材，曾經在臺灣風靡一時，卻沒有機會讓臺灣民眾好好認識它，實為可惜。

網路上的資訊很多，但未必都正確；即便是通曉切火腿技術的切肉師，多數卻沒有經過火腿知識的專業訓練，很可能誤導消費者。正因如此，我很渴望與讀者分享，究竟是什麼讓伊比利火腿這麼特別？它的名氣從何而來？書中每篇文章都由我親自訪問，到西班牙不同的伊比利火腿廠家，蒐集的第一手資料。也來自我在這行業多年經驗中，得到的知識，希望將這食材的特別之處，分享給大家。藉由伊比利火腿，可以窺見西班牙，感受當地的自然生態，有不同香味的堆疊，以及對美食的指引。也看到西班牙的農牧業，對於傳統，當地人是遵循還是放棄。也看到人與人之間情感交織下的西班牙風景。

從初來乍到西班牙，至今已經第八個年頭，仍每天發現新的味道。我認識一群堅持著上一世代做法的迷人小農，他們尊重土地，維持生態平衡，用自己堅信的方式，與這片土地溝通。在西班牙許多地區，至今仍依據季節更迭，進行放牧甚至是游牧，維持最天然的放養方式和食物製作工序。寫書其實是我埋藏在心中多年的種子，在西班牙的這幾年，我的工作與生活，都和當地食材相關，曾經在工業化的肉品公司任職，當我看到包裝廠每隻雞腿的大小重量一樣、豬肉的切片每片大小一致，再看到牠們的生長環境，是密集飼養的詮釋：動物沒有活動空間，沒有完善的通風設備，也缺乏採光。遇到這樣的工業化食品，當時就決定遠離，沒辦法在那樣的企業繼續工作。我相信各地都有優質，並對生態友善的食材，需要去認識並深入了解。

　　四年前，我加入西班牙百年火腿廠Carrasco的團隊。而伊比利火腿，是西班牙最具代表性的美食之一。多年以來，我在旁記錄了不少第一手資料，讀者能由當地的生態、物種、氣候以及風俗習慣，一窺伊比利火腿之所以成為歐陸傳奇食材的原因。我也記錄了這難得一見的家族企業，堅定地阻擋西班牙市場工業化的滲入。跟西班牙家族一起工作，我發現他們與臺灣人有好多共通處，其中之一，愛吃；之二，懂吃。午餐時間就開始討論起下週晚餐要在哪一間餐廳用餐，哪家的食材新鮮，哪位主廚的風格簡約，但是凸顯出食材的美味。

有了這本書，讀者將知道這傳奇食材的源頭，伊比利豬的飼養方式，了解火腿在風乾熟成的製程，以及最後的切片與享用。要享受來自西班牙的優質火腿，每個環節的把關都缺一不可。各位也將更認識西班牙的飲食文化和歷史、人文風俗、伊比利火腿與餐酒的搭配關鍵、如何以火腿入菜，並介紹西班牙當地的特色餐廳，讓讀者可以親自拜訪。最重要的是，希望跟大家分享伊比利火腿背後每個動人的時刻。

　　而出版這本書，並交到讀者手上，也算是對每天清晨五點即起趕豬的牧豬人，以及每天不曾停休的Carrasco兄弟一個小小的贈禮。

↑ 右邊第一位是阿塔納裘，左邊第一位是法蘭西斯，兩位都是Carrasco公司第四代傳人。位於中間的則是山多士，兩兄弟的父親，即便已經退休多年，仍然每天到火腿廠，比任何一位員工都還準時。

Chapter 1

進入伊比利火腿
老廠家的大門

*A pesar del modernismo
y de la "deconstrucción",
nadie en España reniega
de un buen plato de jamón.*

*Pregunte usted a un exiliado
qué echa de menos de aquí,
y responderá sin duda
su gastronomía cañí.
Si empezamos por las tapas
sirva jamón y croquetas,
y tortilla de patatas,
todo regado en cerveza.*
...

— Beatriz Serrano

儘管現今西班牙廚藝中，
流行「現代主義」和「解構主義」的分子料理，
但這裡沒有人可以抗拒一盤盤好吃的火腿——
充滿地方風味的簡單食物。

若問起一位離鄉背井的出外人
他想念這國家的什麼，
他一定回答：
西班牙本土的純樸美食。
如果從小吃開始說起，
則是火腿和西班牙可樂餅，
以及馬鈴薯蛋餅，
當然也少不了一口灌入的啤酒。
⋯⋯

——西班牙記者 Beatriz Serrano

插畫：蔡孟彤

西班牙在過去二十多年來，
分子料理名廚阿德里亞（Ferran Adrià）
改變了西班牙的廚藝模式，
他大膽又充滿實驗精神，
在西班牙颳起「分子旋風」。
這位加泰隆尼亞大廚發明「解構主義」的廚藝技巧，
顛覆世人對於一道菜既有的想像，
創造出在視覺、觸覺、味覺等五感上
都帶有衝擊性的呈現方式，
這在西班牙無疑是一項創新。
但是這幾年來，
人們開始回到食物本身，
甚至開始推崇傳統料理的方式，
用自然的食材呈現出大家熟悉的味道。

西班牙的廚藝世界，分分秒秒在進化，
廚師渴望有好的食材，並用精準的方式呈現，
但是對於離鄉的人們，朝思暮想的，
並非一餐要價上百歐元的分子料理，
而是一盤盤他們熟悉的家鄉味。
對於西班牙人，
火腿可以說是最貼近家鄉的代表食物。

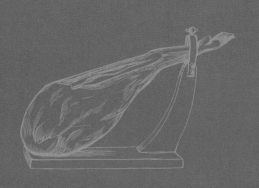

↑ 阿塔納裘與父親山多士攝於自家火腿廠。

「你喜歡火腿（Jamón）嗎？」

這是第一次認識Carrasco火腿廠第四代傳人法蘭西斯（Francisco Carrasco）時，他在第一階段的面試問我的第一個問題。我很誠實地跟他說：「其實我並不覺得西班牙火腿好吃，因為尚未品嘗過用高品質的原料、用實在的工藝及長時間製作的火腿。」換成是我問外國友人喜不喜歡小籠包，我相信大部分外國人都認識這食物，但不一定都喜歡。一籠籠熱騰騰上桌用最新鮮的本地豬肉，加上自家獨門配料，現包、用最準確的時間和火候蒸出來的，肯定不同於國外超市那號稱「小籠包」，吃起來卻像在啃鞋底的食物。

「那你吃火腿時，喜歡手工刀切還是機器切的呢？」

這是法蘭西斯問我的第二個問題。我回答：「我沒吃過用機器切出來的好吃火腿。」顯然，當時我對伊比利火腿的概念可說是一竅不通，只知道西班牙到處可以見到「腿」，也知道有專門切腿的侍肉師（cortador），還因此誤以為一定要有專人切片，才能好好享受這食材。法蘭西斯知道眼前的我是個門外漢，有禮貌地告訴我：「很多時候，我偏好用機器來切我們家的火腿，因為可以摒除人為不當的操作，避免這美食被不當地對待。」才進行到第二個問題，我就已為廠家的火腿和它的文化深深著迷。當西班牙這麼傳統的產業卻有新穎的想法，擺脫伊比利火腿一定要有火腿切肉師的迷思，這讓我感覺這傳統產業一點都不落窠臼，也讓我看到這品牌的活力，當時我這門外漢非常想往伊比利火腿的世界裡窺探。

「你喜歡的食物是什麼？」

法蘭西斯繼續問著，當然我們還在面試。在我回答前，我告訴他，在臺灣，我喜歡到處走、到處吃，更精確地說，旅遊就是為了吃。小時候，在網路還不盛行的年代，每當全家出遊，媽媽總是以餐廳的外觀，或是小吃店主掌杓的動作，就能得知哪一家餐館不會讓人失望。媽媽雖然來自小

↓ 使用機器切伊比利火腿，即便不是專業的侍肉師，也能掌握切片的技巧。

↑ 伊比利火腿常見的手工切法。

康家庭，但是外婆對食物烹調的要求嚴格，也因為這樣，媽媽的味覺自我有印象以來非常靈敏，不論中西式菜餚她都嘗得出菜中加了什麼，還是少放了什麼，她下廚時喜歡嘗試新的食材和味道並重新組合。當時若也有《廚神當道》（Master Chef）這種廚藝節目，我媽媽肯定輕易拿下冠軍。小時候，媽媽下廚時，我老愛跟在她身邊，但是職業婦女的她既要忙事業又要餵飽一家人，生活繁忙之餘仍每天下廚。她煮菜動作快速，我跟在旁邊除了礙手礙腳，也幫不上忙，所以學了會吃也愛吃。小時候的味覺啟蒙，就是在媽身旁吃出來的。

而對我來說，臺灣的觀光景點是與食物香味的連結。和家人一起帶外國丈夫遊臺灣時，最令我先生感到驚奇的是，我們可以開車到臺灣另一端，只為了滿足口腹之欲。最後我跟法蘭西斯說，臺灣人對於食物是有「細緻」（fino）的感官。法蘭西斯似懂非懂的對我笑了，我應徵的職位，是百年火腿廠的國際推廣人，而這第一場的面試，我覺得就像在跟朋友談天。我沒說到我的能耐、我的負責任精神，老闆也沒問我一年可以出差的時間有多少。當然我也忘記回答他，我最喜歡的食物是陽春麵，川燙好的白麵，扣在碗裡成山形，配上一點點豬油蔥，一兩片切肉並澆上熱騰騰的高湯。

　　過了一週，我接到電話，法蘭西斯說：「我們可以跟我哥哥見一面嗎？我們通常會需要兩個人達到共識才會決定聘用與否。」哥哥是阿塔納裘（Juan Atanasio Carrasco），見面前兩天，阿塔納裘要我準備工作計畫書，以及預期半年可以達到的目標。第二階段面試前，我人還在新加坡出差，僅有晚上工作完的時間，硬著頭皮將半年企畫完成。由此我也感覺到，阿塔納裘雖然和法蘭西斯是兄弟，但是風格迥異。

　　第二階段面試當天，經由介紹認識了公司負責西班牙國內的銷售團隊，他們全都是男性，我們互打招呼，笑容可掬。也認識了阿塔納裘，他大學主修獸醫，後來繼續學習農場動物營養學。30年前，他與父親學習如何經營火腿廠，從此開始鑽研伊比利豬種，現今在西班牙幾乎找不到比阿

塔納裘更懂得伊比利豬的人了。一講到伊比利豬，他的雙眼立刻發著光，面對我的疑問一一回答與闡述。他拿出一本伊比利豬種的圖冊，向我介紹豬的型態，同樣是伊比利豬，也有著非常不同的特點。家族喜歡的伊比利豬，可是有特定的樣子，非常大隻，體型要圓潤。阿塔納裘一談起伊比利

↑ Carrasco養的伊比利豬的特徵：垂耳、身形長而均勻、四肢細長，整體而言，身形長而圓潤。

豬，比談起自己家人還來得熟悉。阿塔納裘說家族四代都是靠伊比利豬營生，所以有了現在的公司、火腿廠，以及數百公頃的橡樹林牧場，他想要的就是認真把豬養好，讓牠們在山中生活、自行覓食、吃橡子，用最自然的方式讓牠們增肥，也就是堅持家族一直以來的做事方式。我在這產業多年後，才知道阿塔納裘視為當然的理念，翻譯為商業語言，就是養豬的成本非常高昂，而現在大部分同業的理念都和阿塔納裘背道而馳。

而法蘭西斯則是很有風格、創意十足，大學修的是廣告，喜歡行銷，因為他喜歡吃又待人誠懇，在西班牙美食界認識很多美食家和主廚，西班牙媒體常常邀請法蘭西斯做訪談。公司在這兩兄弟帶領下，讓業界對於伊比利火腿有不一樣的看法，他們傳承家族事業但是從不守舊，讓伊比利火腿近幾年來新意不斷。

阿塔納裘負責火腿廠的生產以及品質管理。我們檢討了我擬的企畫案後，他瞪大雙眼盯著我說：「又瑜你若是錄取，將會是我們公司第一個出口經理，我們需要一個國際推手，把我們的產品好好推廣到其他國家。也許比其他商業性質濃厚的品牌腳步慢了，但是好的產品永遠不嫌晚。」這樣一聽，我想我是有錄取的希望，然而，我也注意到，伊比利火腿公司的老闆與銷售團隊，清一色都是男性，也都是西班牙人。這樣的男女比例現象，源自於豬隻從放養到加工的過程中，都需要大量勞力，是相當傳統的產業，當然也與西班牙傳統的父權社會價值有關。直到現今，仍不見男女

比例有所轉變。此外，在國際間，想要以亞洲人的面孔，推廣如此具西班牙代表性的食物，一定容易讓人忽視。雖然不至於視我為無物，但是要讓客戶對我有信任感，以我現有的知識，想必絕非易事。多數西班牙伊比利火腿公司仍是由家族經營，儘管漸漸開始聘請與家族沒有血緣關係的員工，但是要傳統產業聘請亞洲人，對Carrasco公司來說，仍是不容易的決定。

↓ Carrasco火腿的特色，外觀可見豐富油脂。油花均勻分布，可以嗅到橡樹林的原野香氣，彷彿看到一顆顆橡果落地。

這時，法蘭西斯把多盤火腿一同端上，先跟我介紹自家火腿的特色，外觀可見豐富油脂。油花均勻分布，可以嗅到橡樹林的原野香氣，彷彿看到一顆顆橡果落地，也聞到火腿風乾場的氣息，伴著歲月的痕跡，這是用傳統工序所製成的火腿。火腿用手指捏起，在西班牙的用餐習慣中，吃火腿和冷盤的香腸都用手指拿取，除了方便，我想也是讓食物與自身有第一個接觸。我用手指拿起，大理石般的油花密布，微微融化在手指間。入口的感受是肉和脂肪皆相當輕盈，口感絲滑順口。我那時住在西班牙已經多年，沒有嘗過這樣的火腿，不論是色澤、橡果香，都令人驚艷。低鹽份的特性，是對於不諳西班牙口味的人而有的體貼，對味蕾不至於有太大的衝擊。第一次嘗到柔嫩口感的火腿，油而不膩，在口中無需過多咀嚼就化在齒間，尾韻長而甘甜。這讓我覺得是「讓人微笑的火腿」啊。當時心中興奮地對自己吶喊著，這是我的行業，讓人有幸福感的食物，無非就是眼前這盤櫻桃色的伊比利橡果林放養的火腿了。

盲測

在我興奮的同時，法蘭西斯跟我說：「現在該你了，以你『細緻』的味覺品嘗這五盤伊比利火腿，看看各有什麼不同，也許你可以知道哪一盤火腿是我們品牌的。」剛才的興奮感瞬間化為緊張，當天可是我第一次吃到味道如此優美味道的火腿。

眼前的五盤火腿，色澤不一，其中一盤顏色太深，讓我覺得像獵肉的肉乾（西班牙也會用打獵獲得的動物如野豬，製成香腸等製品）。從氣味上來說，有一盤聞起來有飼料味，一點都不像剛剛那盤，聞到能使人微笑的火腿。用氣味和外觀，我已經初步刪除了兩盤。再來就是口味、順口與否，有一盤火腿不但口味偏鹹，咀嚼完甚至難以吞嚥，在口中形成小肉球，最後需要吐掉。另一盤口味濃厚，說不上不好吃，但是沒有層次感，就是一股腦兒的火腿味，加上吃完喉嚨不太舒服。最後一盤，氣味不重卻有鮮香味，口感不刺激，油潤順口，不同層次的味道在口中接續展開，尾端香甜雋永。錯不了，就是這一盤，我向法蘭西斯指著盤子，他微微一笑，說臺灣人的口味果然是「細緻的」。

　　法蘭西斯跟我說，眼前我選擇的這盤火腿，承載的是兩年來對伊比利豬的細心飼養，加上三年以上火腿的風乾與熟成，至少五年以上的時光，才換得眼前的這盤滿分的火腿。伊比利火腿廠的行業是終身志業，不僅是需要投資多年後才看到成果，更有許多無法控制的因素，例如橡果樹（La encina）需要在橡果季長得夠好，不能有蟲害，並要有足夠的橡果讓伊比利豬隻吃。天候的變化，也讓仰賴全天然風乾的工序面臨許多考驗，有時候需要三年甚至四年的風乾與熟成，依據氣候的條件跟火腿的進化隨時做調整，是一門技術更是藝術，Carrasco火腿是無法大量生產的，每一隻腿都是限量版。

第二場面試道別前，他們說候選人中有三位有非常優秀的背景，今天將會通知我結果。

一個小時後，我接到法蘭西斯的電話，恭喜我，錄取了！下個月，也就是11月，我將開始到不同的省分接受培訓，要好好認識公司的文化與哲學，當然還有品牌背後，所有關於伊比利火腿的每個細節。進入歷史這麼悠久的火腿廠，當品牌的國際推手，伴隨著這份興奮感的是緊張。伊比利火腿之旅就此展開，我信誓旦旦地告訴自己，這不僅是一個老廠家對我的信任，更是一個長遠的學習之旅，要將這美味傳遞到世界各地的餐桌。

← 伊比利火腿的肉與脂肪同樣重要。

Chapter 2

西班牙火腿歷史
以及地中海森林

DISCURSO DE LA EDAD DE ORO: II parte, capítulo XI.

Después que don Quijote hubo bien satisfecho su estómago, tomó un puño de bellotas en la mano y, mirándolas atentamente, soltó la voz a semejantes razones:

——Dichosa edad y siglos dichosos aquellos a quien los antiguos pusieron nombre de dorados,(...) a nadie le era necesario para alcanzar su ordinario sustento tomar otro trabajo que alzar la mano y alcanzarle de las robustas encinas, que liberalmente les estaban convidando con su dulce y sazonado fruto. Las claras fuentes y corrientes ríos,(...) aguas les ofrecían.(...) . Los valientes alcornoques despedian de sí, sin otro artificio que el de su cortesia, sus anchas y livianas cortezas, con que se comenzaron a cubrir las casas, sobre rústicas estacas sustentadas, no más que para defensa de las inclemencias del cielo. Todo era paz entonces, todo amistad, todo concordia.

—— Don Quijote de la Mancha, Miguel de Cervantes

西班牙文豪塞凡提斯的傳世之作《唐吉訶德》，
於1605-1615年所出版，是西班牙最著名的文學作品之一。
在其中一章節，吉訶德在飽餐一頓後，
手拿著一把橡果，激動地對身旁的牧羊人講了一席話，
告訴他們，橡果是這世界上最好的果實。
橡果可作為我們在歷史中，史前黃金時代的最好例子。
在黃金時代，人們靠土地所賜予的東西生活，人無貧富貴賤之分，
生活在和平中，沒有私有財產，沒有鬥爭或法律。
夜不閉戶，天下一家。
黃金時代的神話，
指的是過去人類與大自然和諧相處、人世間沒有紛爭的幸福時代。
黃金時期這稱呼，
曾經出現在古羅馬詩人奧維德（Ovid）和維吉爾（Virgilio），
以及塞凡提斯和莎士比亞等文藝復興時期的作品中。
距今已經四百多年的著作，儘管當時沒有先進的科學，
但人們早就知道橡樹對於土地以及人民的重要性，
橡樹的果實是自然的贈禮。
現今多給動物食用，
是相當健康以及富含植物性油脂的飲食。
在西班牙以食用橡果聞名的，是在樹林放養的伊比利豬，
然而對於很多的放養動物，如牛、羊等也都很喜歡橡果，
更是牠們增強抵抗力的天然食物。
塞凡提斯在書中也提到對幸福時代的嚮往，
人們和平共處，接受大自然賜與的果實，
對於生態環境不強取豪奪。
我想，這在文藝復興時代所倡議的，
也是現代人對於幸福的想像。

西班牙文Jamón（發音如同「哈孟」），意指豬的後腿，未經任何高溫處理，以鹽醃後自然風乾而成。西班牙人食用火腿超過千年的歷史，在許多西班牙人家裡、餐廳、小酒吧、傳統市場或是超市，都可見到「腿」。關於火腿的由來，在西班牙有這麼一說，有一隻豬過河時，因為沉沒水中而死，過了多天，有個牧羊人發現河裡豬隻的屍體，因為那條河的鹽度高，並沒有腐壞，牧羊人便將其烤來吃，發現味道不錯，尤其是後腿和前腿非常有風味。這傳說雖然有趣，但很快就被推翻，因為肉品之所以用鹽巴醃製，就是要去除肉裡的大量水分，要是浸泡在鹽水裡多天，並不能達到效果；然而鹽度高使肉類不易腐壞，則是有其道理的。

用鹽巴醃製食物以延長食物食用期限的方式，據說最早可以追朔至西元前2670年的中國黃帝時期，以及在古埃及法老王時期。歐洲人發現鹽巴可以用來保存食物時，鹽礦附近的村落因此開始有重要的收入，鹽礦周圍也漸漸累積人口變成重要的都市；像是奧地利的薩爾斯堡市就是一例（德語：Salzburg，意思為「鹽堡」），這個名字第一次出現是在八世紀中，因當地有鹽礦和城堡而得名。

很快的，世人也發現低溫的氣候使食物比較易於保存，尤其是高地有寒冷山風的吹拂尤佳。而且低溫保存下的食物，味道和色澤上都比較好，像是北美地區的jerky、南美的chaqui、南非的biltong、西班牙的cecina，都是類似臺灣常見的肉乾。義大利的bresaola，或是最近又再度流行起來的pastrami，它們的起源都是人們希望能保存肉類，而都是以牛肉為主。豬肉

開始也被人們廣用時，是發現牠的用處廣，到了農業時代，家家戶戶都養豬，每年冬季進行屠宰並鹽醃風乾不同部位，並有了香腸類的產物，這樣一來一年四季都有豬肉可吃。

在西班牙，最早發現豬火腿的保存方式可能是腓尼基人（西元前11世紀至西元前6世紀），他們用大量的海鹽覆蓋在魚類和肉類上，抑制微生物的生長。現今在伊比利半島除了常見的火腿，也可以看到鹽醃的風乾牛腿（cecina）、鹽醃沙丁魚（sardinas en salazón）等，葡萄牙知名的鹽鱈魚（bacalhau salgado），也是鹽醃製後並風乾的手法。到了羅馬時期，食品方面已經有了相當大的進展，平民階層的餐桌多以麵包、乳酪、豆類等植物為主。西班牙歷史學者維勒加斯（Almudena Villegas）在她的著作《羅馬時期飲食及地中海飲食》中提到，羅馬貴族專門尋找「不尋常」的食物，例如火鶴的舌頭、魚類的內臟醃製後，發酵製成醬料（拉丁文為el garum，現今在西班牙加地斯〔Cádiz〕地區仍可以嘗到）以及火腿。

由羅馬人開始分出前腿（拉丁文為petasonem），以及後腿（拉丁文為pernam），並認定為豬隻特別的部位。歷史學家更發現到，在羅馬時期已經出現火腿不同的呈現方式，依照不同的品質、風乾的程度、含豬蹄與否、都有不同的價格。他們除了醃製火腿以外，也加工豬隻的其他部位來進行保存，例如里肌、豬頭皮、肋排、豬油等等，然而豬腿是被認定最高貴的部位。

隨著羅馬帝國的興盛以及商業發展，伊比利半島的火腿運送到帝國首

都羅馬，也出口到法國等多地。在奧古斯丁統治時期，羅馬帝國的錢幣上有火腿的圖形，甚至金鑄成火腿的形狀。由此可知，火腿在當時頗受重視，在歷史上占有一席之地。

↑ 羅馬時代鑄成火腿形狀的錢幣，目前在幾家歐洲博物館可以看到，例如大英博物館、法國國家圖書館。

西元8世紀，在穆斯林統治西班牙的近800年中，火腿雖不至於銷聲匿跡，但產量大幅下降。中古世紀，基督教國王的收復失土運動興起，火腿也再度受到統治者的重視，由農民飼養豬隻，然後運至資源豐富的地方——修道院負責製作火腿和香腸，最後在市場售出。現今關於火腿製作的古老文獻，部分歸功於修士留下的筆記，也留下火腿的食譜。當時的修道院也會贈送火腿給生病的朝聖者，人們相信火腿對於身體復原非常有幫助。據說在中古世紀，人們在蓋房子前，會先在地上擺上一隻生的豬腿，並放置一段長時間，若火腿能順利風乾，便認為此地是適合蓋房子的。這其實其來有自，若是火腿可以自然風乾，代表地面和環境都沒有太高的溼度，所以適合建造。由此可看出火腿那時有如鑑定地基，或是風水的指標啊！

到了15至18世紀的大航海時期，船員在海上數多月甚至數年的航行，因為多數食品無法保存而腐壞，船員因缺乏新鮮健康的食物而大多有營養不良的問題，甚至患有壞血病。為了保證航行中有充足的食物，多數食品

都為醃漬的蔬菜及肉類。許多學者認為，西班牙的火腿及香腸，在這時期有顯著的發展，要歸功於遠洋航海時期的需求，讓鹽醃的技術有更進一步的發展。也因為大航海時代，在18世紀，西班牙火腿傳到美洲，也陸陸續續出口至歐洲其他地方，甚至到菲律賓以及印度。相傳西班牙國王菲利浦五世的妻子，伊莎貝・法爾內塞（Isabel de Farnesio）發明了麵包塗上番茄，加上火腿作為點心，這發明在當時掀起一股旋風，因為火腿配上最庶民的食材──麵包，意想不到地適合又相得益彰。這樣的搭配，就是現今加泰隆尼等地區常見的早餐和點心，pan tumaca con jamón（麵包上塗番茄配上火腿），以及西班牙各地都可以見到的bocadillo con jamón（火腿潛艇堡）。西班牙人若因趕時間而不能好好坐著吃一頓飯，就會選擇點一份潛艇三明治裹腹。若是你有機會在西班牙吃著簡單的火腿潛艇堡，想到這庶民料理可是來自王室的發明，也許會別有一番滋味呢。而若是潛艇堡夾的是伊比利火腿，麵包中帶有一抹香醇，那則是「少即是多」的最佳詮釋。（第7章推薦幾家小酒吧，不妨嘗嘗他們的火腿潛艇堡。）

　　20世紀初，西班牙的火腿製作發展蓬勃，在眾多地區都可以見到人們製作火腿。西班牙火腿於多次的世界博覽會，皆受到國際的肯定，英國維多利亞女王更認定西班牙的伊比利火腿是世界美食之一。與我同輩的西班牙人，高中和大學時期流行到英國留學，學些英文也順便旅遊，他們出國必定帶好幾包火腿、香腸，但是又得像做賊一般，把這些家鄉味藏好，因為英國寄宿家庭會投以異樣的眼光。我沒有細問這異樣眼光為何而來，以

←↑ 西班牙常常可見到不同口味的潛艇堡，這是在馬德里聖米格爾
　　市場（Mercado de San Miguel）販售的伊比利火腿潛艇堡。

三明治聞名的國度，有了西班牙伊比利火腿配上三明治肯定是絕配，若讓他們嘗到伊比利火腿，恐怕要讓英國的約克火腿相形失色啊。拿破崙三世的妻子，更是將西班牙火腿從法國王室的餐桌，大力推廣到法國各處。現在，法國已成為西班牙以外，最多人食用西班牙火腿的國家，法式料理令人傾心，也許是因為他們比較不存偏見，喜歡去嘗試不同文化的產品，也懂得了解食材，讓料理以更有深度的方式呈現。

鄉村的節慶

在以前的西班牙農村，最熱鬧的時候，就是屠宰家豬的時節。臺灣農業時代，以及許多歐洲國家都有此風俗，在物資有限的年代，有肉吃可是大事。在各村落，收割穀類的季節是第一重要，若是沒有小麥或是稻米等穀類，也就無法餵養家中圈養的動物了，這可不能忘。第二重要的，就是殺豬的儀式，通常是在冬季，因為圈養的豬隻常是養在住家旁，家裡吃剩的東西，就給豬吃，遇到秋天收割穀類或根莖類的蔬菜收成，都可給豬隻加菜。這樣過了秋天，豬隻也養肥了，所以冬季就是屠宰的季節，需要許多人手幫忙，在眾人合作下共享成果。到了現代社會，我們在冬季的節慶，如西方的聖誕節、東方的農曆新年，都是跟農業社會有所連結。一個大家庭或是多個家庭，一年就一起屠宰一頭豬，在冬季的低溫下，村民將豬的各部位進行保存，製作成各種肉類製品，像是醃製火腿或是將肉剁碎灌成香腸。

現今在西班牙農家，已少有自己養豬，若是有則需要運送至當地合格的屠宰場，進行屠宰。儘管沒有自己的家豬，很多鄉村居民在冬天仍會向豬販購買大量豬肉，自行製作香腸或是醃肉等。許多地區的傳統料理有這道Carne a la orza（陶甕豬肉），傳統做法是將豬肉不同部位，用鹽巴及紅椒粉等香料醃製數天後，以中火油炸，炸熟後的肉放進陶罐（orza），並加入用來炸豬肉的油，直到覆蓋過肉。這樣一來陶甕裡的肉有油的隔絕，

不需要放在冰箱，可以長期在室溫擺放，這也是以前農業社會保存肉的方式。一年之中可以吃到肉，是在物資有限的年代非常幸福的事情。在昆卡（Cuenca）、瓦倫西亞（Valencia）、格拉納達（Granada）、哈恩（Jaén）等地區的餐廳仍可以嘗到這種傳統料理，讀者若有機會到西班牙這些地區，也可以試試。

現今社會早就感受不到這類「時節感」，現代人餐餐有肉可以選擇。臺語俗諺有云：「毋曾食豬肉，嘛曾看豬行路」，就是沒有常識的意思；但是對於現在的我們剛好是相反，也許每餐吃豬肉，卻沒見過真正的豬，更不會費心思考牠們的源頭和生長環境。然而在西班牙，仍有一群小農維持傳統伊比利豬的生態，也有其他農民、牧人仍依循傳統，跟隨時節更迭而作息。感到幸運的同時，也不禁擔心會不會到了下一代，放牧，這種讓動物可以盡情發揮動物本能的畜牧方式，將成為歷史，而是由全部密集飼養的方式取而代之？

2019年，西班牙食品消費協會統計，有85%的西班牙人每週食用二至三次火腿，有32.3%的西班牙人每天食用火腿等肉類冷盤，由此可見西班牙人有多愛吃火腿。伊比利火腿對於臺灣人來說，是近幾年才有的產品，然而醃製肉類以延長保存期限，也是以前臺灣常見的食品保存方式。現在飲食習慣的改變以及對健康的重視，許多人對於醃製物敬而遠之，然而伊比利火腿並非我們印象中的醃製肉類。從豬隻的放養，到鹽醃的過程都非常講究，風乾熟成全以天然方式進行，完全顛覆傳統鹽醃製品的概念。風

↑ 有一對把手的陶甕就是Orza，現在仍有家庭有這種陶甕，裡面也許還裝著許多好料呢。

味上，更是沒有其他食物可與之匹敵。後面的章節將會介紹如何直接食用伊比利火腿，以及入菜的創意料理方式，讓你了解伊比利火腿的美味。

慢食在地中海森林的橡果園

在踏入伊比利火腿行業前，我曾多次造訪法國和義大利，了解他們飼養豬隻的方式以及如何製作風乾火腿。每次的拜訪都讓我有些失望，歐洲

大部分的畜牧業，已經完全進入密集畜牧，多數動物都待在室內豬舍，地面是水泥硬地，通風環境不佳，必須讓豬隻在短短的五個月內達到屠宰重量，因此以密集飼養的方式來增肥。豬種也是採用能夠短期間就長大的白豬種類（例如Large White、Landrace等品種）。自1950年代起，因為引進容易飼養、長得快的豬隻，西班牙多種原生豬隻（例如Gallega、Asturiana、Chato Vitoriano、Cerdo de Vich、Chato Murciano等豬種）遭到威脅，甚至消失。

歐洲近十年來有許多密集飼養的爭議。以德國來說，目前是歐洲第一大的白豬肉出口國，依據該國農業部的統計，2019年產量為5500萬頭密集飼養的豬隻。5500萬已經是臺灣人口的兩倍之多。西班牙排在第二位，已經邁入每年飼養5000萬頭豬，遠遠超過西班牙國內人口。這麼多頭豬，大部分是供應國際市場，也以中國等亞洲市場為大宗。爭議的原因是這些豬隻養殖的方式，大集團收購傳統養豬場，而這些集團近年來因為非洲豬瘟影響中國，因而在政府認可下，找到機會擴建養豬場，這些集團把握商機，增加養豬量並獲利。集團勢力越來越強大，也讓多數省分的豬農樂於被集團收購。

遠遠看是一間又一間的鐵皮屋工廠，從外面看不到任何動物的足跡，也看不到工作人員進出，因為養豬場大多已經達到自動化養殖——飼養一千隻豬只需要三位員工。擁有適合畜牧土地的歐洲國家，有適合的環境及土地，卻因為圖快、因應巨量的國際需求，因而大量密集飼養。姑且不

論動物福利，像是豬隻生長環境不見天日，這些密集飼養的豬隻連草地都沒踏過，就已註定被快速安排屠宰。更為人所詬病的是，政府尚未有對策解決大量的豬隻排泄物、散發的氣體和氣味，而這些問題早已侵害許多國家當地的生態系。

然而這四年中，我多次往返Carrasco公司的橡樹林，看見的是回歸最原始的放牧型態，動物在適合牠們的森林裡自由活動，沒有環境壓力。每隻豬都放養至兩年左右，也是在西班牙少見的牧場例子，讓豬隻有足夠的生長時間，這與密集飼養的豬隻命運大不同，是動保人士和生態專家推崇的放牧型態。

西班牙中部往西南，原本都是地中海森林，在人為的因素加入後，讓森林的土地產生利用的價值，並達成生態平衡，正可謂畜牧和大自然互利共生的成功案例。橡樹林的西班牙文Dehesa，源自拉丁文Defesa，意思為防禦。在15世紀天主教國王時期，農人為保護自家的動物，因而將森林圍起來以避免兇猛動物的襲擊。現今，Dehesa則是世界上獨一無二與自然和平共處的永續放牧環境。

Carrasco公司的橡樹林仍保留森林在百年前留下的樣子，牧場的負責人會定期檢查橡樹是否健康沒有病蟲害。林場漫無邊際，綿延一座又一座山頭，最美麗的時節是秋冬，這時雨季來臨，土地上彌漫著濕氣，橡樹正結實纍纍。山嵐繚繞，陽光灑在林場，聞到香草和泥土的味道，讓人興奮，而這就是伊比利豬的生長環境。

↓ 據2020年西班牙國家公園統計顯示，在橡樹林Dehesa可以見到20種野生哺乳類動物和高達60種的鳥類。圖片來源：Susana González / tupublicidad.es Agencia Creativa / Turismo Jabugo。

↓ 伊比利豬出生後，需要在豬媽媽身邊長大，直到可以自行覓食，才開始放養於橡樹林。
圖片來源：Susana González / tupublicidad.es Agencia Creativa / Turismo Jabugo。

放養於橡樹林的伊比利豬

　　Dehesa在西班牙多處都可以見到，主要分布於西南部。其定義為土地上有5%至75%的橡樹覆蓋率，樹林並不密集而且都是老樹，是橡樹林的特色。因為樹與樹之間有距離，所以有足夠的空間及光照讓草地生長。橡樹為櫟屬（Quercus），伊比利半島常見的有這三種：冬青櫟（La Encina）、橡木（El Roble）以及西班牙栓皮櫟（El Alcornoque）。西班牙栓皮櫟的樹皮是軟木塞的原料，每一年樹皮增生，人們可以持續取用它的樹皮，而動物則吃它的果實，可說是非常慷慨的樹種。

　　這些樹林是地中海生態系重要的一環，除了橡木（El Roble）是落葉植物，另外兩種樹全年都有葉子，通常放牧於橡樹林的有牛隻、伊比利豬、

↑ 西班牙栓皮櫟，增長的外皮是軟木塞的原料。每隔固定幾年，樹皮增生，人們取用此材料，有多種用途。

綿羊等。在早期物資有限的年代，冬季若沒有充足的穀物給動物吃，至少還有這些樹木的嫩葉和樹根。也因為長年有葉子，讓全年都有水分來保護土地，所以Dehesa都是樹林伴隨著豐盛的青草，動物可以食用這些花草和土裡的蟲子，而秋冬時剛好是橡果（Bellota，又稱橡實或橡子）成熟落下的季節，也正是放養動物攝食的重要時節，動物不但有廣大的林場可以自由跑跳，還可以自然覓食，而排泄物則當作土地肥料，對於豬隻養戶可以節省穀物的開銷，對於大自然和牧人是雙贏啊。橡樹林有多種櫟樹，也很適合放置蜂箱收集蜜露（森林蜜）。據2020年西班牙國家公園統計顯示，在Dehesa可以見到其他20種野生哺乳類動物和高達60種的鳥類。

↓ 通常放牧於橡樹林的有牛隻、伊比利豬、綿羊等。

儘管多種櫟樹都結橡果，伊比利豬隻最喜愛的是冬青櫟（即本書簡稱的橡樹）的橡果，在秋冬的林場可以見到又大又豐滿的橡果。而在這樣環境生長的伊比利豬，則稱為「橡樹林放養的伊比利豬」（cerdo ibérico de bellota），牠們並非全年都吃橡果，因為橡樹一年只結果一次，牧人遵循自然節氣放牧豬隻，也是西班牙人一直以來依據大自然所賜資源的放牧方式。有些廠家宣稱伊比利豬全年都食用橡果，這是誤導民眾，因為橡果是季節性的產物，更無法保存當作飼料。另外需要解釋的是，並非所有伊比利豬都是採秋冬食用橡果的放養方式，這在第5章會有完整說明。

↓ 這是安達魯西亞自治區不定期為農戶開課，宣導放牧，利用林場來減少密集飼養。

↑ 秋冬季節，伊比利豬隻在橡樹林間覓食。這是Carrasco公司的林場，每棵橡樹皆超過百年樹齡。
每頭豬有超過三公頃的土地可活動、自由自在地覓食橡果。

↑ 橡樹在秋天開始結實。圖片來源：Susana González / tupublicidad.es Agencia Creativa / Turismo Jabugo。

↑ 到冬天果實變為咖啡色，紛紛落地。

在橡樹林可以看到滿地的橡果，依據每年的氣候，橡果有些年分結果碩大，有些年分則不然。在西部埃斯特雷馬杜拉自治區（Extremadura）橡樹林的橡果約為大拇指大小。

什麼是橡果季（Montanera）？

放牧型態的伊比利乳豬出生後是在豬媽媽身旁，大約六週斷奶（密集飼養的豬隻則是一至二週後即斷奶），之後開始學習吃穀物。這時候小豬都是放牧在固定範圍的牧場，還沒放牧在橡樹林。牧豬人確定豬隻已有足夠年紀、夠強壯能在野外自行覓食或是面對其他野生動物，就可以放養豬隻到橡樹林；因為一旦放牧林場，豬隻不會因為颱風下雨就關到豬舍內，一旦開始放牧就一直都待在野外。所以「牧豬人」的角色相當重要，他知道每隻豬的健康狀況、哪隻豬成長得比較慢需要多攝食等，若是遇到豬隻有健康問題，牧豬人要第一時間通知獸醫。伊比利豬放養到橡樹林場，經過四季更迭，依據不同時節，有不一樣的活動和飲食：春天，動物吃草、樹葉、小蟲子等；夏天暑熱難耐，有天然的湖泊讓動物戲水消暑。到了秋季入冬，這些橡樹開始結橡果，成熟落下的果實則是動物尋覓的目標。

橡果的成分為不飽和脂肪酸和澱粉，伊比利豬善於找尋香甜的橡果。豬隻在秋冬季節的林場尋覓果實，這對高品質的伊比利豬是最關鍵的時期，也就是所謂的橡果季（Montanera），是伊比利豬的自然增肥季。橡果富含優質脂肪，經過橡果季放養的伊比利豬大量覓食橡果下，牠們的脂肪

就是橡果的化身，具有高油酸。油酸屬於一種不飽和Omega-9脂肪酸，可降低血壓並幫助減少心血管疾病發生，對心血管疾病也有抑制作用。若你品嘗的伊比利火腿是橡樹林放養，你在嗅覺和味覺上是可以感受到這橡果香味的。

更特別的是，每年橡果季成果都不同。若是當年冬天缺雨，或是櫟樹有病蟲害，這樣就不會有碩大豐富的橡果收成；橡果不足，當年屠宰的橡果放養的伊比利豬也會減少許多。每個年分的伊比利火腿成果都不同，這也是橡果放養的伊比利火腿的特色，每一隻火腿、不同的年分會有不

↓ 牧豬人在橡果季中扮演重要角色。

← 夏季的午後，豬隻在天然的溪水玩耍著。

↓ 冬季，伊比利豬已有足夠的脂肪禦寒，下雪時仍辛勤地覓食。

同的風味，符合放養標準、體重、攝食以及豬隻年紀才能標示「橡果」（Bellota），然而最後把關的就是伊比利火腿廠，選擇像是Carrasco這樣的小廠家，每個步驟都做得踏實並且嚴格，若是伊比利豬隻沒有吃足夠的橡果，這時公司就不會標為Bellota。

美食界心心念念追尋

伊比利豬的特色是不容易養胖，不同於白豬容易增肥，所以放養時間也漫長許多。另外，伊比利豬種的肉質相當特別：肌肉內含脂肪，也就是可以看到脂肪線條，以及肌肉外層的脂肪。肌肉內的脂肪讓伊比利豬的肉質鮮美，完全不乾澀，橫切面可以看到大理石紋般的油花分布。

根據西班牙農業法規，林場放養的伊比利豬隻有許多控制的項目。對Carrasco這老廠家而言，法規其實是一種最寬鬆的限制。老闆阿塔納裘跟我說，他維持著爺爺和爸爸時代的傳統放牧方式，家族喜歡大隻的伊比利豬，越大的伊比利豬代表吃了越多的橡果，沒錯，就是這麼簡單明瞭的方式做判斷。西班牙農業署規定，橡果放養的伊比利豬若飼養時間超過16個月、體重不含內臟達138公斤就可以安排進入屠宰程序。然而阿塔納裘堅持都要飼養超過22個月，豬隻自然增肥到160公斤以上（不含內臟重量），才安排屠宰。

要尋找放牧在林場的伊比利豬，有時候開車在樹林找尋半天都不一定能看到牠們的身影。公司的堅持就是給豬隻最多的自然資源，不急著屠

↑ 伊比利火腿適合單吃，也可以入菜變化成更多美味料理。

↑ 尋找放牧在林場的伊比利豬，有時候找尋半天都不一定能看到牠們的蹤影。

宰，因為這是傳統小而美的企業，傳承到第四代依然遵循著。食用橡果帶來的是改變伊比利豬的脂肪構造，變成高油酸的不飽和植物性脂肪，跟一般白豬種或是牛羊的脂肪大相逕庭。油酸是一種不飽和脂肪酸，有助於維持膽固醇平衡，這些特性只有橡果放養的伊比利豬才有高油酸，牠們的脂肪是可以保護我們的心臟的。

　　豬隻跟人一樣屬於單胃的動物，伊比利豬特別的部分是將食用的橡果轉變為脂肪，也就是說經過橡果季的伊比利豬，牠的肉、尤其是脂肪會散發橡果的香氣。橡果季的伊比利豬的脂肪是最有風味的部分，不用特別調味料理，簡單的以海鹽和胡椒調味，加以烘烤或是油煎，即可品嘗到經過

橡果季的伊比利豬最完整的鮮甜。林場放養的伊比利豬規定僅能在規定的月分屠宰，通常是12月中至來年的3月底。我們公司的伊比利生豬肉，在屠宰期一年以前就被各大知名餐廳預訂，因為一來產量稀少、二來是我們放養伊比利豬的方式，在西班牙已經越來越少了。

近幾年來越多研究學者指出，決定伊比利火腿優劣的因素，其實不是伊比利血統的百分比，而是豬隻在橡果季吃到的橡果是否足夠。研究結果在西班牙一報導出來，顛覆許多傳統消費者的想法，以為伊比利火腿100%的血統可以保證品質。結果並不然，要選擇一條好的伊比利豬腿，可以是100%，也可以是50%或是75%的伊比利品種，但是真正的決定因素是豬隻吃下的橡果量，以及豬隻的年齡。讀到這裡讀者肯定有疑惑，因為購買火腿時，怎麼知道豬隻吃的橡果是否足夠？答案是，可以試試不同廠家的火腿，試過幾次，肯定會發現不同，還可以找到你喜歡的風味。另外更準確的方式是了解該廠伊比利豬隻的油酸百分比，橡果放養的火腿約有54%至56%的油酸，我們公司林場放養的豬隻可以高達58.5%的油酸，也就是代表豬隻在橡果季有足夠時間覓食、吃夠多的橡果。

另一個判定的方式是整腿的大小，一隻伊比利豬風乾熟成後的腿，小的大約七公斤，大至十公斤的也有。不同火腿廠喜好不同的重量，若是橡果等級，比較推薦八公斤以上的火腿。然而外層脂肪含量大、體積大，非西班牙本地的火腿切肉師不容易掌握切工，但是要知道大的橡果放養火腿，代表的是牠們覓食了豐富的橡果，所以有溫醇順口的肉質。

Chapter 3

伊比利火腿
四大產區與
匠人精神

*Tendiéronse en el suelo y,
haciendo manteles de las yerbas,
pusieron sobre ellas pan, sal, cuchillos,
nueces, rajas de queso,
huesos mondos de jamón,
que si no se dejaban mascar,
no defendían el ser chupados.
Pusieron asimismo un manjar
negro que dicen que se llama cavial y es
hecho de huevos de pescados,
gran despertador de la colambre.
No faltaron aceitunas,
aunque secas y sin adobo alguno,
pero sabrosas y entretenidas.
Pero lo que más campeó en el campo de
aquel banquete fueron seis botas de vino,
que cada uno sacó la suya
(Quijote, II, 54).*

他們躺在地上，以草地當作桌巾。

桌巾上放有麵包、鹽巴、刀具、核桃、起司，

以及一跟火腿骨頭。

既然火腿只剩骨頭，沒肉可以切，

但總可以舔舔那火腿骨。

那一群人更拿出了一些名為魚子的黑色珍饈，

讓人飢腸轆轆，口水直流。

還有一些美味的橄欖，

儘管有的乾癟，有的沒有醃料，

但是這樣的橄欖讓人吃了停不下來。

這樣的午餐，最終是紅酒勝出。

每個人拿出他的羊皮酒壺，

六個酒壺皆見底。

——《唐吉訶德，下冊，第五十四章》

《唐吉訶德》書中提到，
主人翁唐吉訶德的忠實隨從桑丘
在路途中遇到一行旅人，
他們席地而坐拿出食物分享。
當中不乏西班牙的道地美饌，
也有外來的珍饈如魚子醬，
一盤盤佳餚中，
火腿是必不可少的。
而讓人會心一笑的是，
他們拿出的火腿可只是骨頭，
儘管只剩骨頭，
他們拿來再次回味也滿足。
在大文豪賽凡提斯眼裡，
魚子醬雖是高不可攀的食物，
與火腿相比，
也只能比得上火腿的骨頭而已。
可見自古至今，
火腿在西班牙人心中的地位
有多麼重要。

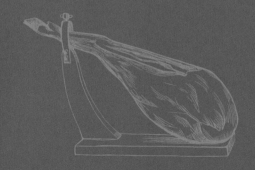

← Carrasco的伊比利豬在巴達霍斯的橡樹林場放養，圖為午後豬隻在橡樹林覓食。

西班牙近年來越來越講究食材的原產地，不僅只標示國產，而是需要標示精確產地的市鎮。在歐洲的許多傳統食材，講求天時地利人和才能展現它的風味。伊比利火腿從19世紀到現在，都在特定的季節及地點放養，不同的季節該有的工序都不能少。

　　從豬隻放養的林場到後續的風乾熟成，都跟當地的自然環境因素息息相關。就像葡萄酒文化提出的Terruño或是法文的Terrior，正是「風土」的意思，伊比利火腿更是在當地的自然環境和風俗習慣下所孕育而成的產物，同樣的原物料帶到不同的地區加工，最後的風味肯定南轅北轍。

　　伊比利火腿不同於塞拉諾火腿（又稱山火腿〔Jamón Serrano〕），使用的豬種不同。塞拉諾火腿使用白豬，以密集飼養的方式增肥，風乾熟成時間較短，一年或是更短時間結束風乾的製程。甚至有許多已經量產、相當工業化的產家，用溫控室進行風乾。沒有天然風乾熟成，換句話說不是傳統的製程，也就無法品嘗到當地原始的風味。然而伊比利火腿，在豬種上是伊比利豬，有不同的品種比例，若是標示橡樹林放養（Bellota），則是需要在林場經過長時間的放牧，工序也比塞拉諾火腿來得繁複與漫長，而風乾、熟成及窖藏都是在自然條件之下進行。橡樹林放養的豬隻相當稀少，數量約為全部伊比利豬的15%。每家伊比利火腿廠需要讓山風吹進火腿的風乾室，自然風乾過程是相當原始的。天然風乾的步驟需要做的，就是依照天氣的變化開、關窗戶，聽起來容易，但是這是要多年的經驗累積，以及足夠的知識才能控制得宜的。

西班牙有伊比利火腿四個法定保護產區（Denominación de origen protegida，簡稱D.O.P），都是以地區命名，然而每個產區涵蓋的地方廣大，並有不同的特色。也有許多生產伊比利火腿的廠家，認為加

↑ 西班牙四個伊比利豬法定保護產區的地理位置。

入法定保護區，遵守法定保護產區的要求，並沒有帶來實質幫助，不加入D.O.P也滿常見。以下的分類則以產區，及該地區的製作傳統來作介紹。

* **吉胡埃洛（Guijuelo）**：西班牙西部薩拉曼卡省（Salamanca）的小鎮。

* **哈布果（Jabugo）**：南部安達魯西亞的韋爾瓦省（Huelva）。

* **埃斯特雷馬杜拉林場（La Dehesa de Extremadura）**：西班牙西部緊鄰葡萄牙，大西洋豐富的水氣使這區域的橡樹林是西班牙最優質的伊比利豬放養地區。

* **洛斯佩德羅切斯（Los Pedroches）**：與哈布果一樣位於西班牙南部產區。

↑ 由東邊開車進入吉胡埃洛小鎮看到的景色。

吉胡埃洛產區

1895年，Carrasco火腿廠的創始人法蘭西斯柯·卡拉斯科（Francisco Carrasco），在吉胡埃洛（Guijuelo）小鎮有商隊，以騾子為交通工具，行走各地進行商業貿易。當時西班牙鐵路在南部賽維亞（Sevilla）到北部希洪（Gijón）的路線開通，並在吉胡埃洛停留一站。法蘭西斯柯開啟先例，把西部埃斯特雷馬杜拉放養的伊比利豬隻帶到吉胡埃洛小鎮，利用小鎮的大陸型氣候的優勢，進行天然加工，在當地成立第一家火腿廠，這位創始人就是阿塔納裘的曾祖父。

自那時候起，其他人紛紛仿效，也把豬隻帶到吉胡埃洛加工，於是在上世紀僅為300多人居住的小鎮，因為火腿業的興起，吸引多人前來，紛紛在當地成立火腿加工廠，至今已經有200多間火腿廠。一到達小鎮，馬上就可以嗅到火腿窖藏的香氣。今年Carrasco公司滿126年，是伊比利火腿在吉胡埃洛最具代表性的火腿廠，而Carrasco既是火腿品牌，也是家族姓氏，是小橡樹的意思。而幾個世代以來，或許是巧合，也可能是堅持，家族的傳承，持續與橡樹有著緊密連結。

這個法定保護產區規定，伊比利豬隻的放養可以在鄰近的橡樹林場，包含薩拉曼卡（Salamanca），以及其東南方的托雷多（Toledo）、艾維拉（Ávila）、塞哥維亞（Segovia）、艾斯馬杜拉自治區的薩莫拉（Zamora）、

巴達霍斯（Badajoz）、卡塞雷斯（Cáceres）、南至塞維亞、韋爾瓦（Huelva）以及哥多華（Córdoba）等地林場。由此可知，西班牙各處有橡樹林場的地區，都有伊比利豬放養的足跡。其中以埃斯特馬杜拉自治區的薩莫拉、巴達霍斯等地區因為鄰近大西洋，加上山區攔截海洋水氣，有濕潤的氣候，因此培育出有最豐碩橡果的橡樹林，也有豐富的草原，到了秋季橡實樹結實纍纍，是最佳的伊比利豬放養地區。

　　儘管放養地區廣泛，但是風乾熟成只能在包含吉胡埃洛鎮在內，東南區的78個村莊進行。吉胡埃洛位於中高海拔地帶，擁有獨特的大陸性氣候，冬季漫長、寒冷乾燥，加上高山群的寒風，火腿不需要用過多的鹽來醃製火腿，更能展現當地自然風味。到了夏季，高溫使外層的脂肪滲透進入肉中，而因為早晚溫差大，大理石般的脂肪紋路在火腿上更加明顯。很早就在國際間推廣，口味也深得人心，與哈布果產地的火腿不分軒輊。

↑ Carrasco橡樹林場的莊園。

↑ Carrasco火腿廠的風乾場內部，全為自然風乾，僅以開、關窗戶來控制溫度及濕度。

　　另外值得一提的是，當地的伊比利豬其實是與杜洛克豬結合出的豬種，而這個混種使得這地區火腿的脂肪別有特色。所謂百分之百的伊比利豬，並非此法定產區以前就放養的豬種，而是近幾年來其他產區的行銷方式，使越來越多人以為血統的比例是好壞的區分，但其實是一種迷思啊。不過世代的更迭，現在大多數廠家增加飼養純種的伊比利豬，但或許過了20年、30年，廠家們不再隨波逐流，能回到以前傳統的伊比利豬和杜洛克豬的混合，有兩者的優點，取人之長補己之短，像葡萄酒自然的「混釀」才有的上乘風味。

哈布果產區

　　位於安達魯西亞的韋爾瓦省，是伊比利火腿在國際間較為人所知的產地。1879年，該地首家伊比利豬屠宰場創始人羅梅洛（Juan Rafael Sánchez Romero）成立第一家火腿風乾場，生意經營得有聲有色，1983年被葡萄酒暨烈酒集團奧斯堡（Osborne）併購。有了大集團的加入，讓原本傳統產業注入國際商業動力，開始大量生產，並在2004年起將銷售主力推向國際市場。

　　該產區放養豬隻的地區，分布於安達魯西亞自治區

← 哈布果小鎮的街景。圖片來源：Susana González / tupublicidad.es Agencia Creativa / Turismo Jabugo。

和埃斯特馬杜拉自治區的橡樹林場。伊比利豬在林場放養增肥後，在阿拉塞納鎮（Aracena）以及該地Picos de Aroche山區的兩個自然生態區內，共31個市鎮的火腿廠進行風乾熟成。哈布果（Jabugo）小鎮其中心取名為火腿廣場（Plaza de Jamón），由此可見此地區的火腿傳統，而火腿事業更在這裡占有重要地位。

　　該地區夏季酷熱，到了夜晚平均溫度微微降低，而群山之間因山嵐聚集，帶有足夠的水氣。這樣的夏季使得火腿的熟成加快，到了冬季則有大西洋的溼氣，氣候沒有北部來得嚴寒，整年來說溫度較為平均，所以鹽醃過程後滲透也較快。自上世紀起，哈布果鎮即以百分之百的伊比利豬為主要飼養的豬種，百分之百的伊比利豬體型較小，腿也是，所以在風乾過程中，若沒有好好掌控，肉質會有偏硬的口感。伊比利火腿並不是肉乾，製作火腿的廠家，都希望避免火腿過乾，或是不容易咀嚼。然而，也許是這乾硬的口感比較傾向亞洲人對於火腿的傳統印象，所以在國際市場比較受歡迎。

　　因為當地氣候，第一年的風乾就是熱暑，火腿迅速遇到高溫，火腿組成的蛋白質和橡果油脂容易氧化。因此，有時候吃這地區的火腿會有一種喉嚨刺刺，不舒服的感覺，有人說這才是橡樹林放養火腿的特色，那可不是的。有這刺激的味道，或是喉嚨不適的感覺，是風乾的過程所造成，尤其是南部產區，因為夏季炎熱，第一年的風乾，火腿內的油酸大量氧化，所以會有這樣的風險。然而，若是風乾熟成得宜，則會香氣十足，口味也全然不同。

埃斯特雷馬杜拉林場產區

　　埃斯特雷馬杜拉自治區位於西班牙西部，擁有西班牙最大面積的橡樹林場。根據西班牙農業部指出，該自治區有130萬公頃的橡樹林地，大約為臺灣面積的三分之一，占西班牙所有橡樹林面積的35%。有這樣良好的自然林地，當地居民物盡其用，就近放牧伊比利豬或是牛群，讓此產區的伊比利火腿近幾年來慢慢為人所知。也許是因為該自治區位於西班牙西部，西班牙高鐵（El AVE）至今尚未連貫到此地，該地區經濟發展仍薄弱。然而疫情之前常有為數眾多的訪客組團拜訪橡樹林場，並到不同的火腿風乾場參觀。

↓ Jerez de los Caballero小鎮風光。

↑ 巨石陣，是新石器時代留下的重要歷史文物。

　　來到這裡的橡樹林，別忘了參觀位於拉納瓦德聖地牙哥鎮（Nava del Santiago）的重要遺址：巨石陣（El Dolmen del prado de Lácara），是新石器時代留下的重要歷史文物。最後當然少不了好好享用一片片光滑粉嫩的伊比利火腿。此產區的特色不同於南部火腿的重口味，而是有足夠的鮮度，但是鹹味明顯較哈布果火腿低。

　　西班牙秋季原野有橡果、草地，豬隻的食物攝取足夠達到可以屠宰的重量。在以前傳統農業社會，儘管不是各地飼養伊比利豬，但是動物有充足的原野和時間成長，這跟現在的橡樹林放養的伊比利豬有著相似的生長環境。另外值得注意的是，在埃斯特雷馬杜拉自治區的薩夫拉鎮（Zafra），每年10月第一週舉辦盛大的國際畜牧展，也是西班牙國內最重要的畜牧展，占地25公頃，有豬、羊、牛、馬等牧場動物，各式品種來自不同地區的農場，供人參觀，當然也提供買賣以及研究等用途。每年皆有

↑ 薩夫拉國際畜牧展。
← 薩夫拉小鎮。

來自西班牙和世界各地的訪客,更多是從事農牧活動的人來此參觀。展覽結合當地的節慶,慶祝聖米格爾聖人,有夜市、遊樂園等活動設施,可以看到這市鎮充滿活力的一面。此時也是宣布夏季的結束,必須開始準備秋割,以及預備過多所需。

洛斯佩德羅切斯產區

西班牙是適合乘坐高鐵的國家,因為幅員遼闊,但又不會大到需要乘坐飛機(除非是離島),而多數主要城市,都有高鐵班次行經。若有機會來觀光,我很建議白天乘坐西班牙高鐵,由馬德里到南部哥多華(Córdoba)、或是馬拉加(Málaga)這兩個迷人的城鎮。在高鐵上,經過哥多華北邊時,可以觀賞到一片片橡樹林,一棵棵橡樹都是百年巨木。林場面積無比遼闊,儘管高鐵時速平均290公里,仍可以欣賞橡樹林好一段時間。

2002年11月，聯合國教科文組織宣布該地區占地42萬3000公頃的莫雷納山區橡樹林場（Dehesas de Sierra Morena），列為生物圈保護區，也是世界上最大的自然保護區之一。此產區的放牧地點，由哥多華北部開始蔓延，並不如同其他產區來得有名氣，但是最近在國際市場（尤其是美洲國家）慢慢可以見到它們的蹤跡。此產區的火腿特色是口感溫和綿密，肉質纖維較不明顯，品嘗時彷彿可以嗅到林場濕潤的土壤氣息。

↑ 綿延不絕的橡樹林。

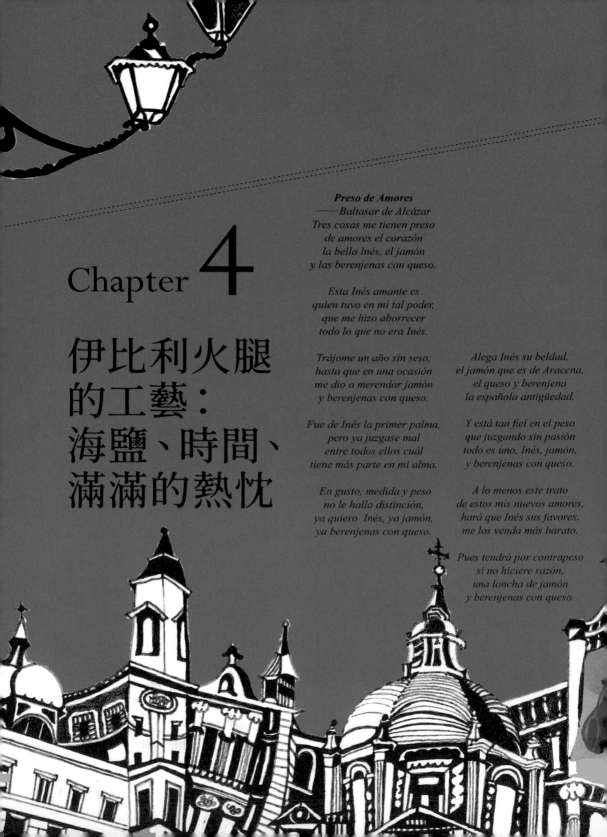

Chapter 4

伊比利火腿的工藝：海鹽、時間、滿滿的熱忱

Preso de Amores
——*Baltasar de Alcázar*
Tres cosas me tienen preso
de amores el corazón
la bella Inés, el jamón
y las berenjenas con queso.

Esta Inés amante es
quien tuvo en mí tal poder,
que me hizo aborrecer
todo lo que no era Inés.

Trájome un año sin seso,
hasta que en una ocasión
me dio a merendar jamón
y berenjenas con queso.

Fue de Inés la primer palma,
pero ya juzgase mal
entre todos ellos cuál
tiene más parte en mi alma.

En gusto, medida y peso
no le hallo distinción,
ya quiero Inés, ya jamón,
ya berenjenas con queso.

Alega Inés su beldad,
el jamón que es de Aracena,
el queso y berenjena
la española antigüedad.

Y está tan fiel en el peso
que juzgando sin pasión
todo es uno, Inés, jamón,
y berenjenas con queso.

A lo menos este trato
de estos mis nuevos amores,
hará que Inés sus favores,
me los venda más barato.

Pues tendrá por contrapeso
si no hiciere razón,
una loncha de jamón
y berenjenas con queso.

愛的囚徒
——阿爾卡薩

有三樣東西讓我成為它們的囚犯
這三樣都是我心頭之愛
第一是伊涅絲的美
第二是火腿，再來就是茄子拌起司。

這位伊涅絲是我的愛人，
我常常為她神魂顛倒
我為她的一切痴狂。
一整年下來腦海只有她，
直到有一天，
下午點心吃到了火腿
還有茄子拌起司。

原以為僅有伊涅絲占據我心
但是現在局勢早已不同
現在這三樣，不論怎麼比較，都旗鼓相當。

我有了新歡
這樣也許讓伊涅絲了解，
也許這樣，她會將愛，
更合理的給與我。

若我未得伊涅絲的芳心
那也不要緊
我還有火腿
也還有茄子拌起司。

在西班牙的黃金時代，
詩人阿爾卡薩（Baltasar de Alcázar，1530-1606），
在他距今四百多年前的作品，
道出了對於食物最真誠的愛。
這是一首關於愛情的詩篇，
誠實地記錄下他所愛的女子、
他愛的火腿及茄子拌起司，
三個愛戀的競爭激烈，
阿爾卡薩不知對哪一個的愛較深，
所以寫下這坦率的詩詞。
四百多年過去，
如今讀來頗有趣，
再讀可回味，
誰說愛情只能對於人呢？

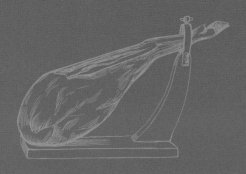

　　在西班牙，一般人很少參觀火腿廠，一來是因為火腿廠並不像拜訪酒莊普及，二來若沒有伴隨著清楚的解說，參觀火腿廠其實是霧裡看花，難以了解其中的奧祕。火腿廠，正確應該稱為火腿風乾場（Secaderos），一隻隻伊比利火腿，並不是製造出來的，所以不是工廠──伊比利火腿是門加工藝術。臺灣人聽到「食品加工」大都不甚喜歡，然而在伊比利火腿行業中，「加工」其實就是鹽醃的階段。許多其他伊比利半島著名的食品，如大西洋鱈魚，也是經過鹽醃的工序，使食品能夠延長食用期限，並發展出不同的風味。然而伊比利火腿的加工程序中，在鹽醃之後，漫長的工作才開始。Carrasco公司的火腿風乾場，基本上是一棟很大的建築物，上世紀的建築經過多次翻修，但是仍維持相似的架構，有多扇窗戶和良好的通風。很多人也許不知道，優質的伊比利火腿，它的魅力除了豬隻有良好的橡樹林場，可以自由覓食之外，在火腿加工上需要自然風乾的環境，風乾場是

↓ 薩拉曼卡市是西班牙著名的大學城，
距離吉胡埃洛鎮約50公里。

完全開放式的建築，迎風面設有許多窗戶，讓外面乾燥的山風吹入。一個火腿廠的資本都在這些火腿上，每個步驟都不容馬虎，需要漫長的時間才能上市，所以也就不難了解我的老闆阿塔納裘，他兢兢業業的作風是其來有自。

　　Carrasco公司的火腿風乾場，位於西班牙薩拉曼卡省，首都也是薩拉曼卡，是西班牙歷史悠久的大學城，可見到羅馬式和哥德式建築。除了知名的大學城外，這裡擁有特殊氣候與地理環境，非常適合風乾火腿。1895年起，公司創辦人法蘭西斯柯‧卡拉斯科開先例，把西班牙西部埃斯特雷馬杜拉林場放養的伊比利豬隻，帶到吉胡埃洛小鎮，利用小鎮的氣候特色進行天然加工，並在當地成立第一家火腿廠。

　　公司迄今有126年歷史，傳承四代，我在培訓期間，多次與阿塔納裘穿梭於公司的風乾場。伊比利火腿製程的每個步驟和細節，以下細細說明。

屠宰時期僅有三個半月

橡果放養的伊比利豬隻，僅能在12月15日至來年的3月31日屠宰，之後豬隻的部位經過切割。伊比利豬隻中，最有價值的部位是腿，在前腿和後腿上，有三個宛如火腿「身分證」的標章，標示火腿產製的相關資訊。

第一是豬腿皮上的西班牙農業部印章標示MAPA（西班牙農業部Ministerio de Agricultura, Pesca y Alimentación的縮寫），並在火腿外皮V型切口上方有四個序號：前兩位數代表週，後兩位數字代表年，是伊比利豬隻屠宰後，經過分割，開始進入鹽醃程序的週數和年分。例如左圖中0817，表示這隻豬腿是2017年第8週屠宰，並開始進行加工，是當年的2月中旬。另外要注意的是，橡樹林放養的伊比利豬，僅在一年中的三個半月做屠宰，可據此作為判斷的方式之一。當你看到日期並非對應到12月15日至來年3月31日這段時間，就知道並非是橡果放養的伊比利豬。

第二是國家獸醫核可印章SIV（Servicio de Inspección Veterinaria），是一個橢圓形並包含字母和數字，字母ES帶表西班牙，SA代表省分

週

年

← 火腿外皮V型切口上方有四個序號：前兩位數代表週，後兩位數字代表年，是伊比利豬隻屠宰後，經過分割，開始進入鹽醃程序的週數和年分。

↓ 伊比利火腿整腿的標籤，一面為條碼。另一面為產品說明，詳情請看第5章。

Salamanca，不同省分所代表的字母不同，而數字是屠宰場的衛生字號，最後CE代表歐盟（Comunidad Europea）。

第三是豬肘上的塑膠圈，塑膠圈上一定要有ASICI的小豬圖案，另一面是屬於該火腿的條碼。要注意，這並非廠商自己製造的塑膠圈，當我們收到火腿時，不要摘下這塑膠圈，因為這是火腿追本溯源最重要的號碼。這官方的塑膠圈有不同顏色，依據伊比利品種的百分比和飼養方式做區別。

工序 1 ：削出輪廓

第一道程序就是切除多餘的脂肪，削掉部分外皮，給予火腿一個「輪廓」，不同地區甚至是不同火腿廠削出的「輪廓」都不相同，這步驟最主要是讓火腿顯得比較美觀，並在削外皮時做第一步的肉質檢驗，再者是削皮後讓鹽醃更容易進入豬腿中。伊比利火腿常見的有三種外型：半月型、

圓形，以及V型。Carrasco公司的火腿則帶有V形切口，在豬肘至火腿的中心削出V的形狀。

取得火腿完美的輪廓後，依據不同重量先初步將火腿分類。每一隻火腿都需要經過酸鹼值的測試，保證豬腿的品質，酸鹼值需要落在PH值5.3-6.2這區間，這樣一來可以確保豬腿經過長年的風乾過程而不會變質。

工序 2 ：**鹽醃**

再來以全手工方式初步將粗海鹽抹在火腿上，這一步驟為的是先磨除外表的雜質，讓鹽分能平均滲入火腿。之後以地中海粗鹽，像小山般覆蓋在每隻火腿上，再疊上另一排火腿，這樣重複堆疊。傳統的鹽醃方式，高度至多堆到八隻，避免底層的腿承受太大重量，另外還需要定時翻面以確保兩面都有海鹽覆蓋過。而鹽醃的天數，是以火腿脫水前的重量來計算：

↑ 伊比利火腿的鹽醃室。

← 每個火腿廠使用的鹽也不同，有的使用地中海區域海鹽，有的則使用大西洋海鹽。

例如14公斤的腿就會覆蓋鹽14天。Carrasco火腿廠的作法有別於其他火腿廠，阿塔納裘接手管理後，發現家族特別喜歡口味溫和並雋永的火腿，不想要只有鹹味，甚至是讓喉嚨有不適的感覺。因此，他開始研究如何製作出家族成員喜歡的味道和口感，其中之一就是減少鹽醃的天數。

這在當時是一大挑戰，因為鹽醃的過程發揮滲透作用，使火腿去掉水分，鹽的作用就是讓食物得以保存，所以一般製作火腿只會一味的用鹽而不講求「用鹽的技術」。阿塔納裘在多年研究和嘗試下，降低鹽分的醃製天數，並達到口味細緻的要求，當然也一併照顧到飲食健康的需求。所以我當初以為Carrasco火腿這麼溫醇、低鹽分是配合外地人的口味，其實不然，低鹽分原來是家族喜歡的特點。每個工序在在說明百年廠家的經驗傳承和用心創新。

工序 3 ：溫洗靜置

經過幾天鹽醃後，每隻腿都需要細心地用溫水洗淨，確定沒有鹽巴殘留在髖骨部分。接下來的步驟是從阿塔納裘接手經營後做的改變，他堅持將火腿在鹽醃後先掛在冷房中90天，這時候剛好是冬季，火腿廠的作法是將外面的冷空氣抽進冷房中。此舉是讓肉質穩定，並讓火腿緩慢的吸收鹽分，以平均分散到整隻火腿。低溫的環境可以避免微生物的大量生長，這個過程讓火腿的製程更穩定，具有更鮮明的口感。據說當地的火腿廠知道我們多了這道程序，其他火腿廠也陸續增加放置冷房的步驟。到了這階段，火腿師需要持續觀察火腿的進度，並在尾端慢慢增加溫度，使火腿可以漸漸適應接下來的自然風乾溫度。

工序 4 ：風乾大學問

經過鹽醃、溫洗靜置後，火腿送往自然風乾室。風乾室占據火腿廠最大面積，位於迎風面的地勢高點。選擇風乾場的地點是每個火腿廠皆需要考慮的重點，因為風乾場的微氣候對火腿的最後品質有重要影響。也因為如此，並非西班牙各地都可以風乾伊比利火腿，除了受當地傳統和製造工藝影響，地理位置和氣候更扮演決定性角色。也因為嚴格要求氣候，世界其他地方幾乎少有適合風乾伊比利火腿的地方。

← 吊掛的火腿：因為自然風乾，每隻腿之間的距離及離地面的高度都須精確計算過，才能完成風乾步驟。

← 火腿上的真菌常見的種類有：青黴菌種、麴菌屬及木黴菌屬。外層形成薄厚不一的黴菌和酵母，火腿師傅藉由觀察黴菌的生長狀況及顏色，了解火腿的熟成狀況。

　　Carrasco的風乾場位於薩拉曼卡省，屬於大陸型氣候，從126年前迄今都建在同一個地點，證明從19世紀，創始人就把握利用當地大自然的優勢來製造火腿。冬天乾冷，有從西班牙中央山脈一路沿經格雷多山脈（Sierra de Gredos）和貝哈山脈（Sierra de Béjar）而來的冷風；夏天則是高溫短暫，早晚溫差大。

　　風乾的過程是大自然的藝術，火腿師必須隨時根據火腿的變化和氣候做調整，所謂的調整，就是開窗戶及關窗戶來達到需要的溫度及濕度。開始風乾的時期為每年的1月至3月，進入第一年的夏季時，以我們公司火腿廠傳統，不希望火腿在第一年接受夏季的高溫，因此第一年夏季的白天基本上不開窗戶，避免因為高溫而加速熟成。我們選擇漸進式，讓第一年的夏天以比較緩和的方式來熟成火腿，到第二年的夏季才讓火腿接受熱暑。若第一年就接受高溫容易使火腿的味道變得太過強烈，影響口感。除了需要控制風乾場的溫度及濕度，火腿師傅有以下的工作需要時常確認：

① 觀察每一條腿的變化和狀況，依據需求移動火腿位置。

② 在風乾過程以手工方式將火腿的髓骨部分上豬油，避免塵螨侵入。

　　風乾過程中，在火腿外層開始有真菌附著，這些真菌幫助火腿的熟成，並賦予每隻火腿特殊的香味分子。而在每個自然風乾場，這些微生物就像是火腿廠的專利，火腿在不同同地區經過風乾，各地區火腿風味自是截然不同。火腿上的真菌常見的種類有：青黴菌種（Penicillium）、麴菌屬（Aspergillus）以及木黴菌屬（Trichoderma）。外層形成薄厚不一的黴菌和酵母，火腿師傅藉著觀察黴菌的生長狀況及顏色，了解火腿的熟成狀況。儘管黴菌並不美觀，但是對於火腿的熟成是重要的一環。並幫助火腿在風乾期間，得到不同的質地和風味，並有助於增加火腿的香氣。以Carrasco火腿廠來說，從一百多年起，風乾場與現在是同一棟建築，也就是說肉眼看不見的微生物，從19世紀起就辛勤地工作著，賦予一條條火腿特有的香氣。

　　許多火腿廠會多次用骨針（cala，通常為牛或馬的骨頭），插進火腿靠近髓骨的肉裡來檢查火腿，但是阿塔納裘不這麼做。他說多次插針只會讓外界的黴菌或是塵螨進入火腿，讓火腿腐壞。風乾這道工序，用於後腿需要持續三年以上，前腿的話則為兩年以上；風乾的年分沒有一定，更沒有火腿風乾年分越多越好的說法。風乾的時間，需要由經驗豐富的火腿師來判定。這道工序完成得費時三年光陰，但這還不是最終的過程呢。

↑ Carrasco公司於126年前即使用的
地窖，沿用至今，熟成一條條有歲
月風味的火腿。磅秤是古董，現在
的秤重及包裝都已經現代化，但仍
遵循著以前留下的傳統。

工序 5 ：窖藏熟成

到了第三年的8月至9月，火腿會移至地下室置放，進入最終階段的窖藏熟成。8月到10月期間，地窖的溫度大約為16至20℃，進入11月至年底則約為10到14℃，地窖溫度如同洞穴般，相當穩定。這階段除了需要穩定的溫度，還要有較高的濕度，這時火腿仍持續發生改變，許多真菌和酵母繼續工作以達到最終的「熟成」階段，火腿的香味也在這階段完全展現。

最終階段

這一階段由經驗豐富的火腿師傅，用細的骨針插入火腿細緻的部位，作最終的判斷。這道步驟可以鑑定以下幾點：

① **火腿風乾熟成的程度**：風乾時間越長，火腿的生肉味漸漸被熟成的鮮味給取代；前腿的氣味，跟後腿熟成後的味道也不逕相同。

② **鹽度**：越是低鹽度的橡果放養火腿，越能夠嗅出火腿複雜的風味。香味伴隨著微微的甜度，這是一種令人愉悅的氣味。

↑ Carrasco火腿廠僅在風乾的最後一年，由火腿師利用骨針檢查火腿。

③ **伊比利豬的飼養方式：**這也是伊比利火腿中最重要的一環，經過橡樹林場的放養，吃了充足的橡果，骨針上可以嗅出榛果的香氣，這是櫟樹的橡實帶給火腿脂肪上的氣味。

④ **製作工藝：**不同火腿廠有各自的製作工藝，不同的地理位置也讓各家老廠的酵母和黴菌有所不同，就像是做麵包時，麵包師傅喜歡留一團老麵是一樣的道理。

　　阿塔納裘是我們工廠的鑑定師，經過骨針確認後，他可以輕鬆知道哪些客戶喜歡怎麼樣的火腿。這時火腿廠的員工用毛刷，刷除火腿外表上的黴菌，以保有美觀。這時火腿就可以離開窖藏室，進行包裝，送往客人手上。

Chapter 5

好好享受，
慢慢品嘗，
你也是品鑑家

Soneto del yerno en apuros
——*David Vázquez*
Desde Formosa, me pide el abuelo
que conoce de Nueva York a Damasco
y lee libros sin el menor atasco:
"¡Dime lo mejor que da aquel suelo!"

¡Pero es infinito! ¡Elegir no puedo!
¿El Quijote, Velázquez o chacolí vasco?
¿La Alhambra, Goya o un buen churrasco?
¡No sé encontrar el mejor señuelo!

¿Y si envío nuestro mejor manjar?
¡Un ibérico jamón de bellota!
¡Obra de arte directa al paladar!

Fina loncha de maza que explota,
derrite la lengua, alegra el hogar...
¡Seré el yerno con la mejor nota!

身負重責的女婿
——西班牙記者大衛·巴斯克斯

這時從福爾摩沙之島傳話來說：
丈人足跡遍布各地，閱歷豐富
「我想了解你家鄉最好的東西。」

哎呀！最好的東西怎麼說得完？
是要《唐吉訶德》、維拉斯奎茲作品，
還是恰克利白酒？
或是阿罕布拉宮、哥雅畫作，
還是一盤道地的牛排？
我還真不知道要怎麼選擇。

但是我可不能漏氣，
內心雖然掙扎，
就這樣，下好離手，

我跟丈人說，西班牙最好的是火腿
伊比利豬的，還要經過橡樹林放養，
就是Carrasco，跟丈人說這個準沒錯。

這首十四行詩是我先生的創作，
臺灣家人每次來訪西班牙時，
他總想把這塊土地上最好的東西跟家人分享。
然而西班牙幅員遼闊，
地方特色多樣，
各地都有可愛之處，
先生的掙扎想必也是許多人的感受。
介紹再多的東西，
也比不上一盤香氣飽滿、
油花滿布的伊比利火腿，
這是土地的風味、經驗的傳承，
也是飲食上的代表。

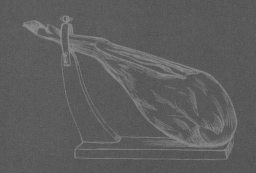

2014年，臺灣開放進口伊比利火腿，頓時掀起一股風潮。媒體爭先報導，稱一隻伊比利火腿要價數萬，有「火腿界的勞斯萊斯」等引人矚目的頭銜。臺灣新聞媒體擅於下標題，但似乎不喜於解釋這背後的故事，也許是這樣讓臺灣消費者越看越迷惘。過了一陣子，媒體熱度退去後，鮮少人了解這火腿為什麼價值不斐。儘管有人想了解，網路上僅有簡易的伊比利火腿分類資料，解釋伊比利火腿的「分級制度」或是「血統純正分級」，這樣誤會真的大了。有的文章說是打破迷思，但讀者仍是一知半解。

伊比利豬（Cerdo Ibérico），顧名思義，豬種是伊比利半島的原生豬隻，僅葡萄牙和西班牙這兩個國家才有的原生豬種。此豬種的源頭不可考，但是確定豬隻祖先來自地中海的野豬（Sus scrofa mediterraneus）、歐洲野豬（Sus scrofa scrofa）以及亞洲野豬（Sus scrofa vittatus）的混合。西班牙西南部有地理氣候優勢，有大面積的橡樹林，隨著時間的演進，伊比利豬開始放養於西班牙橡樹林。而且此豬種擅於覓食，懂得尋找自然資源，可以生長於野外，成為西班牙原生豬隻的代名詞。

相較於一般白豬品種，伊比利豬的肌肉中，能儲藏更多脂肪，以度過食物稀少的季節。在橡果季節時（西班牙的秋、冬季），牠們大量覓食橡果、野草、小蟲等，取得足夠的能量，並儲蓄脂肪。因此伊比利火腿，有肌肉內的脂肪——也就是當您看到火腿片中，有的脂肪紋理；也有肌肉外層的脂肪——我們俗稱的肥肉，對於經過橡樹林放養的伊比利豬，脂肪是

相當珍貴的，豐厚的外層脂肪，可視為優質伊比利橡果火腿的判斷方式之一。

西班牙在19世紀以前，各地區物盡其用，有什麼樣的畜牧種類，就遵循當時的傳統飼養。例如西班牙南部哈布果鎮，傳統上習慣飼養純種的伊比利豬，因為喜歡味道強烈、肉質有嚼勁的火腿；西班牙北部如吉胡埃洛則喜歡肉質溫醇，不需要太多咀嚼的火腿；所以多年下來，各地區發展出各自的伊比利豬種比例。有的地方，傳統上就喜歡純種伊比利豬，有些地區則偏好伊比利豬配上杜洛克白豬。

近年來，西班牙農業部多次修正伊比利火腿的分類，一方面是讓消費者了解伊比利火腿有不同的百分比，另一方面是讓伊比利豬市場易於管理統計。現今的分類方式在整隻伊比利火腿上可以看到：豬肘上有不同顏

↑ 圖為經橡果放養的火腿，可以看到充分的脂肪分布。

← 伊比利豬專業協會訂定，
所有伊比利豬都需要有的
分類。

色的塑膠標籤，是官方印製的ASICI標籤，有黑色、紅色、綠色及白色之分。ASICI，全名為La Asociación Interprofesional del Cerdo Ibérico（伊比利豬專業協會），該協會連同西班牙農業部，一同管理伊比利火腿的分類及推廣。

　　黑色標籤（標籤上顯示BELLOTA 100%），Bellota在西班牙文表示橡果，100%代表的是伊比利豬種比例。此標籤表示是來自伊比利豬種，飼養方式為放養於橡樹林（Dehesa），秋冬季節覓食橡果、野草等天然食物，動物經過放牧於橡果季的增肥蓄脂（Montanera）。許多人誤以為100%是豬隻吃的橡果比例，不是這樣的，橡果僅在秋冬才有。

　　紅色標籤（標籤上顯示BELLOTA IBÉRICO），表示來自伊比利豬種，可為50%的伊比利豬種，或是75%的伊比利豬種，飼養方式為放牧於橡樹林，秋冬季節覓食橡果、野草等天然食物，如同上述，動物經過放牧於橡

果季的增肥蓄脂。兩者的差異為豬隻伊比利品種的百分比,西班牙地方傳統因喜好不同而有不同的比例。

綠色標籤（標籤上顯示CEBO DE CAMPO IBÉRICO）,表示豬種可以為100%、75%或是50%,但是豬隻放養的方式沒有經過橡果季,飼養方式雖同為放牧,但是餵食穀類等飼料為主。在穀物的餵養下,伊比利豬的增肥較前兩者快許多,所以飼養時間比橡果季的伊比利豬來得短。

白色標籤（CEBO IBÉRICO）,表示豬種可以為100%、75%或是50%,飼養方式為密集飼養,也就是跟一般白豬的飼養方式一樣。

儘管分類看似簡單,西班牙消費者都霧裡看花,更別說外國人了。但若是認真看,會發現儘管是100%的伊比利豬,但是沒有放牧於橡樹林、沒有覓食足夠橡果,終究功虧一簣,無法讓伊比利豬種的特色有所發揮。然而說了這麼多,西班牙哥多華大學的德貝德洛教授（Dr. Emiliano de Pedro）長期研究後,在2019年證實,伊比利豬產品的等級優劣,取決的關鍵在於:

① 伊比利豬隻需要充分放養,在橡果季攝食足夠的橡果。以Carrasco天然的放養方式,每隻豬有四公頃（相當於五個足球場大小）的橡樹林空間,豬隻每天吃10公斤以上的橡果。

② 另外,豬隻的年紀也是取決的因素之一,需要放養至少18個月,有足夠的肌肉結構與脂肪。

③ 最終,也是最小的因素,才是伊比利豬種的比例。

近年來因為一些行銷策略，許多人以為100%的伊比利豬比較優越，或是品質最好。其實只對了一半，豬種雖然重要，但是決勝關鍵在於，是否經過長時間在橡樹林的放養。伊比利豬體型比較小，但是有大量的肌肉外脂肪，所以當一隻100%伊比利豬的豬腿，進行風乾熟成時，若經過太長時間熟成，肉質容易乾硬。這也是橡果放養伊比利豬有趣的地方，不同地區製成的火腿各有千秋，所以大家喜好也因此不同。有些人喜歡某一種風味的火腿，或是喜歡比較有肉感的火腿，有人想讓這豬種結合其他豬種的優點，便將純種的伊比利豬配上杜洛克白豬，因此有現在不同伊比利豬的豬種比例。

有些行銷命名，或是宣傳策略，不免讓人以為「純種」是最好，其實需要了解多方面的因素，並相信自己的感官評鑑，喜歡哪種火腿由自己決定。

分辨市面上的伊比利火腿：整腿

若是購買整隻伊比利火腿，現在知道有不同顏色的標籤作為區別，但是並非所有標籤都是西班牙官方的，有的廠家不尊重西班牙官方伊比利火腿規定，自己製作黑色標籤印上一些字樣就綁上豬蹄。若要知道手上的火腿是否經由官方認證，標籤一定要像圖中所示，右下角有一個ASICI豬形狀的小圖，還有一個條碼，有這個號碼，消費者可以溯源火腿廠，知道是在哪個林場放養、屠宰年次，可以推算風乾年分。消費者還可以下載手機

↑ 用APP可以掃描伊比利
　豬腿（前腿及後腿）的
　編號。

← 由上至下：條碼號分別
　是：後腿（Jamón）
　還是前腿（Paleta）；
　若標明Bellota則代表
　經過橡樹林放養，標明
　Cebo de campo則為
　穀飼放養，標明Cebo
　則為密集飼養；伊比利
　豬種百分比；屠宰的月
　及年分；豬隻放養或是
　圈養的地區。

　　APP找尋ASICI，掃描標籤或是輸入標籤號碼進行搜尋，即可知道：飼養方式是橡果放養，或是穀飼放養，伊比利豬種的百分比以及年分。

　　整隻火腿的塑膠標籤上有五個需要認識的項目，請見下頁圖所示。

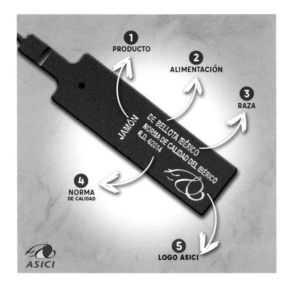

← 官方標籤內容：
 1. 產品名稱；
 2. 飼養方式；
 3. 伊比利豬種標示；
 4. 依據的法規；
 5. ASICI標誌。

① **產品名稱**：PALETA（前腿）還是JAMÓN（後腿）。

② **飼養方式**：若豬隻放養並在橡果季節覓食橡果，則標示 BELLOTA；若豬隻是半放牧，沒有食用橡果而是食用穀物飼料則 標示為CEBO DE CAMPO。若為密集飼養，在密集豬圈的豬隻，餵 食穀物飼料，則標示CEBO。

③ **伊比利豬種標示**：若是豬隻為100％伊比利豬種，則會標示100％ IBÉRICO；若是豬隻有一半以上的伊比利豬種則標示IBÉRICO。很 多網路資訊告訴消費者以標籤的顏色做判斷，這是方式之一，但並 非完全可信，因為仍有少數廠商沒有經過西班牙農業部審核，並擅 自仿造標籤。

④ **依據的法規**：R/D 4/2014，意指2014年頒布的國家法規。

⑤ **ASICI標誌**：重要的真假標籤鑑定，顏色標籤上要有像是小豬形狀 的ASICI標誌。

分辨市面上的伊比利火腿：切片包

　　市面上不同種類的伊比利火腿，進口的切片包需要以原廠原文的標籤貼紙為依據（通常為中文和西班牙文一起出現，但是若兩者意思不同，以西班牙文為依歸）。西班牙農業部規定，西班牙文產品命名方式為：首先標示產品部位：PALETA（前腿）、還是JAMÓN（後腿），儘管是來自同一隻伊比利豬，因為兩者肌肉結構不同所以肉質不同，脂肪的分布也有差異，風味當然也不同，前腿的價格比後腿便宜許多。接下來需要標註的是飼養方式，若豬隻放牧並在橡果季節覓食橡果，則會標註BELLOTA（中文標

↑ 伊比利火腿後腿。

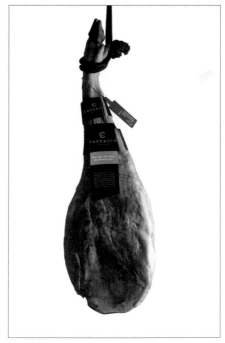

↑ 伊比利火腿前腿。

註為橡果或是橡子）。若為放養，但是以穀類等飼料餵養，則為標示穀飼CEBO DE CAMPO。再來就是標註品種IBÉRICO（伊比利），最後則是伊比利豬種百分比的標示。當你看到一包伊比利火腿切片包，以原文的產品名稱做判斷，這樣就是了解產品的第一步。

現在越來越多的伊比利豬進入臺灣市場，讓人眼花撩亂，然而把握上述的說明，辨別火腿的種類並非難事。上述的產品辨認僅用於火腿（前腿及後腿），香腸類除了里肌適用以上方式，其他如胡椒香腸及紅椒香腸則不需要標示伊比利豬種的百分比，但是需要標明飼養方式。至於伊比利生肉，西班牙法規沒有密集飼養或是橡果放養的分類，所以無法得知豬隻的飼養方式。伊比利橡果放養的生豬肉產量相當有限，並是季節性產物，伊比利生豬肉進口商和消費者都無從得知飼養方式，伊比利豬肉大多為圈養和穀飼，這是伊比利生豬肉對於買方比較不透明的部分。

如何判定好腿的外表和內在

臺灣餐飲業大多購買一隻整腿，一隻伊比利橡果放養的火腿價格不斐，在切開前並不能知道腿的好壞，但是可以用以下幾點做購買之前的判斷。豬蹄向上掛起，豬腿正面是細長，雖然說是細，但是不用太執著於細的豬腿。優質的伊比利火腿有相當豐厚的脂肪，外型豐滿，用手指輕按火腿的臀部，油脂融化使手指微微陷入，這是外觀的判定。至於重量，伊比利橡果放養的後腿，我會建議選擇八公斤到九公斤，並有三年到四年的風

乾熟成時間（火腿外皮上印有四位數，表示屠宰的週次和西元年後二位數），若是有專業的切肉師，可以選擇更大的火腿。因為火腿較大，表示豬隻在橡果季節攝食非常多橡果，肉質鮮美，一切開火腿就聞到烤核桃的香味。

　　臺灣進口的整隻火腿是以真空包裝，打開後需要檢查火腿是否有缺口，或是在髖骨及臀部有沒有黑塊。在自然風乾的工序中，火腿外

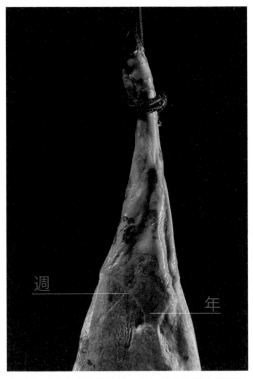

↑ 火腿外皮上印有四位數，表示屠宰的週次與西元年後二位數。

表有黴是正常現象，切火腿前以廚房紙巾加上一點葵花油擦拭掉即可。切開後，去除外皮及多餘脂肪，在靠近髖骨的部分肉質比較乾，因為熟成比較快。完整的熟成是整腿的風乾程度相仿，不同部位有不同脂肪結構及特色，但是不應該有太大熟成度的差異。若是不同部位的熟成度相差太大，像是靠近髖骨部分的肉，若為乾柴則建議不要給客人，而是取下切丁入菜，但若是肉質實在太硬，那就放入高湯作湯底。

若選擇伊比利豬前腿，則不建議用刀切，因為複雜度太高，出肉率有限。建議跟經銷商或是店家購買去骨後的前腿，有些火腿廠提供「壓磚」的前腿。「壓磚」是將去骨前腿壓成塊狀，是我比較推薦的型態，可以減

← 靠近豬肘或是火腿比較硬的部分，建議可以取下切丁入菜。

↓ 可以搭配火腿切片做擺盤或是入菜，或放入濃湯提味，為菜餚增添鮮味。

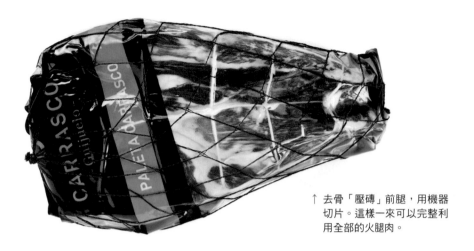

↑ 去骨「壓磚」前腿，用機器
切片。這樣一來可以完整利
用全部的火腿肉。

少前腿靠近骨頭碎肉的浪費，並讓切火腿時比較好操作。我很推薦火腿後腿也選擇去骨形式，並用切肉機切片，我期待在臺灣也有餐廳可以此方式呈現伊比利火腿，若有這樣的地方，這餐廳一定是我第一去朝聖的地點。

　　影響火腿的風味有許多因素。首先是飼養方式，若是採用放牧，並經過橡果季的伊比利豬，火腿有豐盈的脂肪，伴隨著香氣。像是一切開Carrasco火腿時的香氣，就有低溫烘培堅果的氣味，讓人不禁想手捏一塊入口，在口中應證不同香味的集合。來自原野一顆顆碩大的橡果、春天的花草、埃斯特雷馬杜拉的秋冬大西洋的濕氣，結合吉胡埃洛風乾場的山風、窖藏室的溫度，時間的足跡印記在每條火腿上。Carrasco的火腿體現家族一代代傳承的精神和技藝，家族偏愛的味道，也私心地想讓更多人品嘗到。

再者，就是動物的年紀，伊比利豬是適合野外生活的豬種，需要時間成長，因此密集飼養的伊比利豬跟放養的伊比利豬相差甚大。有足夠年紀的伊比利豬，並在橡果季放養，是品質的保證。如何知道伊比利豬隻的年紀，用火腿的重量可以作為評斷。依據西班牙農業部規定，伊比利豬隻的重量在屠宰前最低需要達到138公斤，然而這個部分就是不同廠家有不同做法。大型規模的火腿廠，希望每條火腿都是小型的火腿，風乾熟成時間較短，可以早點上架，小型重量含骨頭為七到七公斤半。比較大型的伊比利火腿含骨重量為八公斤半以上，甚至是到十公斤都有；大的不容易切，所以是很挑切肉師的。因此西班牙外的消費者少有選擇大的火腿。若有機會買帶骨火腿，又有專業的切肉師，建議可以選擇大一點的橡果放養伊比利火腿。文中常常提到「專業的切肉師」，由於每隻火腿食用前會因為溫度及濕度，讓火腿一直在進化，加上每隻火腿有不同的大小和特性，需要切肉師依照火腿狀況適時做處理。

讓火腿有一點溫度，才能釋放美味

在西班牙很少人知道，夏天是火腿最好吃的時候，因為天氣變熱，伊比利火腿的油脂趨近透明，肉質也比較濕潤，這就是火腿最美味的時候。伊比利火腿一年四季都很適合，只要掌握讓火腿回溫，現切火腿不要讓火腿冰冷，切片好放在溫熱的盤子上，或在溫蔬菜上放幾片，都可以釋放出火腿的橡果香氣。因而建議火腿在20-26℃下進行品嘗。

↑ 放在喜歡的盤子上，即可享用。

感官體驗──火腿風味輪

　　一旦了解了整隻後腿的外觀，要享受這得來不易的伊比利火腿，需要清晰的五感做先前的準備。2014年，Carrasco公司請薩拉曼卡大學和卡斯提爾里昂政府的食品營養研究團隊，針對Carrasco的伊比利火腿的味道及感官做研究，從公司遞送的91個樣品中，請專業團隊進行外觀、氣味、口感及口味的分析，發展出專屬於Carrasco廠家的火腿風味輪。西班牙尚未有其他地方的伊比利火腿作這樣的分析，這個嘗試在這傳統行業是一大突破。

在薩拉曼卡大學連續六年的研究分析下，發現樣品中的火腿儘管年分不同，風格仍是一致的，並有相當多種獨特點，這表示Carrasco伊比利火腿的品質，在每個年分的管控皆頗穩定。伊比利火腿很難從外觀去判定味道的好壞，最怕的就是每支火腿差異大，這項研究是一項重要的指標，因為可以確定Carrasco的火腿風味走向。以下用感官分類來分析這項研究結果。

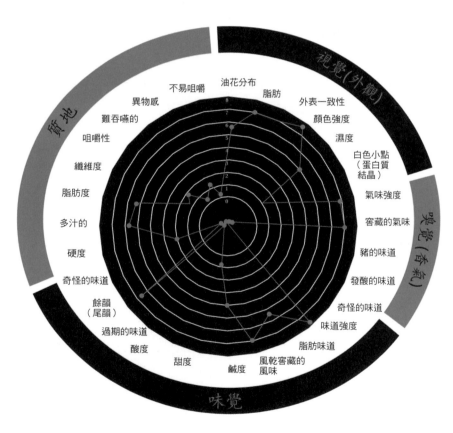

↑ 研究結果呈現的Carrasco火腿風味輪。

視覺

　　很多消費者覺得火腿切片一定是酒紅色，其實不然。伊比利後腿依據火腿的部位會有些許的顏色差距，風乾熟成較多的部位呈櫻桃紅，脂肪含量較多的臀部（Cadera）及腿後側（Maza）則偏粉紅色，一旦放到室溫下可以看到均勻的油脂分布，密布如網。切片的表面油潤、質地柔軟，厚度可以透光。切片中可見到細小的白點，為低鹽自然熟成過程中形成的蛋白質結晶。當拿到伊比利火腿真空切片包，切勿急忙打開，開封前先用水龍頭的熱水沖一陣，直到看到表面的脂肪已接近透明，代表已經進入最佳狀態。這時不慌不忙地用廚房剪刀，依著虛線剪開，最好是剪成凵型，像是打開書本般，掀開包裝。這時香氣撲鼻，令人垂涎，用手指一片片擺上盤子。若不想感受這股油脂綿密的觸感，也可以用筷子或是鑷子夾起，再選個喜歡的盤子加以擺盤。

↑ 切片的表面油潤、質地柔軟，厚度可以透光，可以看到均勻的油花分布，密布如網。

嗅覺

橡果放養的伊比利火腿有大量的植物性脂肪，需要三至四年時間的風乾跟熟成，也因為長時間的熟成，脂肪也漸漸滲透入肌肉纖維內。在風乾場中，可以在火腿上瞥見時光的蹤跡，隨著火腿的自然風乾過程，水分減少，蛋白質和脂肪分解，在肉眼看不到的各處，則有著高資歷的微生物辛勤工作，賦予每條火腿豐富的香味分子。知名的分子味蕾大師夏堤耶（François Chartier）在一次餐酒搭配上，稱許Carrasco火腿有高度的香味分子分布，複雜卻優美。

冬季高山的冷風貫穿在火腿廠裡，香氣在火腿廠蔓延到各個角落、每條走道，包裝火腿的師傅也將火腿廠的空氣打包進箱裡。當你收到火腿，是來自西班牙的空氣、濕潤的土壤、特殊山風以及眾人呵護下的產物。現在由你將這股香味延續，讓火腿在適當的溫度擺盤，用手指或是餐具夾起火腿入口前，先嗅聞一番，橡果放養的伊比利豬火腿有濃郁持久的香氣，是果香、濕潤的草原、地中海森林、百里香、橡果的味道，也可以嗅到焦糖的香氣。若非橡果放養的伊比利火腿，氣味則相當寡淡。

觸覺

在西班牙，食用火腿是用手指捏起來入口。火腿在指頭間，頓時覺得食物跟我們的距離很近，在口中是細膩的觸感，油脂豐潤並耐人尋味，齒頰留香。絲滑的質地不須過度咀嚼，卻在咀嚼中享受到用時間、空氣、海

← 用機器切的伊比利前腿。

鹽和細心照護的伊比利豬帶來的美味。

味覺

　　伊比利橡果放養的火腿，有著多種口味結構，一口火腿承載的風味給人穩重的氣息，像是跟一位心智成熟的朋友安心地聊著天，就是一種安心，讓人愉悅的感覺，而這在塞拉諾火腿或是圈養的伊比利火腿是感受不到的。橡果放養的火腿口味讓人欣喜，不過於強烈，風味好的伊比利火腿不應該過鹹，這樣才能品嘗到核果味，還可嘗到潮濕木頭的香氣伴隨烘烤堅果香，並在尾端有淡淡的甜味。整體來說是非常的鮮甜，清爽不油膩。靠近豬肘的部位，多筋有彈性，越嚼越令人回味。希望你也可以找到讓你微笑的火腿。

好好享受

　　西班牙餐廳酒吧常常可見掛有一條條火腿，雖是出產火腿大國，卻非所有人都知道怎麼正確地切火腿，一下手就讓一條火腿像是被挖了個洞，或是切成一把弓形。當然自己在家怎麼切沒有人在意，但身為廠家的我們，對最後切肉的步驟總是求好心切，畢竟小心呵護五年多的火腿，不希望因為切肉不精準，而可惜了這麼難得的火腿。以下介紹的切法，教你掌握火腿部位、切出適當厚度及大小，更重要的是火腿片中有脂肪的分布，才能享受到火腿的美味。了解火腿的箇中奧祕，品嘗時才有更多的樂趣。

火腿刀具

　　工欲善其事，必先利其器，具備好四項重要的刀具，缺一不可。下刀前先將火腿正確擺放在火腿架上，拴緊架子並固定好，再開始下刀。另外要提醒的是，用刀務必非常小心。

　　首先是磨刀棒（Chaira）：可說是火腿刀的重要搭檔，若是你剛買了一把火腿刀，建議在使用前，先送到專業磨刀店磨利。切火腿時也需要常常磨，好事多磨，好刀也是如此。左手拿磨刀棒固定不動，右手持刀在磨刀棒上下摩擦，並確定刀身都有磨到，左撇子者則是左右手相反操作。

　　第二個用具是寬版的去皮刀（Cuchillo descortezador），這種刀雖然較寬，但是不笨重，用來去掉火腿的外皮，切除與外界接觸的咖啡色和黃色外皮，也用來清除多餘的脂肪，直到可以看到微微紅肉的表面，去皮的步驟即完成。若是一

↑ 先固定好火腿，才不會左右搖擺。

天內可食用完一整條火腿，可以全腿去皮；若是要分多天食用，則去除一部分的外皮，這樣也可以保持火腿的濕度。

第三則是火腿刀（Cuchillo jamonero），刀身長而窄的刀板，在西班牙最常見的是傳統火腿刀，為尖頭而刀身光滑，此種刀價格經濟，然而要切出讓人垂涎的火腿片，我建議選擇有彈性、刀面有菱形紋路的火腿刀（市面上有24公分至30公分的長度可以選擇），也是切醃製鮭魚所用的刀其表面會有的紋路。因為鮭魚和伊比利火腿兩者都有濃厚的脂肪，可以使肉片不易黏著在火腿刀上。切火腿時切面與火腿架是平行的。切火腿時使用刀部中、後段為主。我有兩把火腿刀，一把是圓頭並含有菱形紋路，另一把是尖頭火腿刀但是結合菱形紋路，依據切火腿時的需要而更換刀種。

最後則是去骨刀（Puntilla），體積小、尖頭，為的是讓刀具在骨頭與肉的部分穿梭自如。去骨刀的目的是分割肉和骨頭，並非僅有去骨時需要，在切火腿的過程中就會碰到骨頭，這時候需要用去骨刀刻劃，以便繼續切片火腿。

這四樣工具是基本用具，不建議僅使用單一的刀具切火腿。經驗告訴我，切越多的火腿越了解下刀時需要用的工具，所以我不會冷落任何一個火腿用具，因為它們是讓火腿正確呈現的必備利器。

↑ 四種用具，缺一不可。

磨刀棒

寬版去皮刀

↑ 左手拿磨刀棒固定不動，右手持刀在磨刀棒上
　下摩擦。

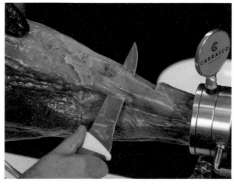

↑ 寬版去皮刀用來切除與外界接觸的火腿外皮。

切片火腿刀

去骨刀

↑ 餐飲業者建議備有這種火腿刀，易於切片。

↑ 切火腿時碰到骨頭就可以刻劃，以分割肉及骨頭。

後腿各部位的特色

　　後腿可以分為四個部位，首先是腿後側（Maza），這個部位是一隻火腿含肉最多，也是油脂最豐富的部位。多數人覺得這部位最美味（也最可貴），因為高含量脂肪造就非常細嫩的肉質，可以清楚看到肌肉裡的白色脂肪油花，如大理石紋路般密布。

　　而腿前側（Babilla），介於髖骨和股骨的部分，這部位的含肉量較低、熟成度較高，香氣十足，味道讓人齒頰留香，可以細細品嘗出橡果放養帶來的榛果香味。再來就是火腿的臀部（Cadera），這部位的脂肪香甜，色澤粉紅，品嘗得到陳年的風味。「陳年」是因為後腿風乾熟成的年分需要三年以上，在這段過程中，是直立吊掛的，油脂順勢積累在火腿的臀部，所以味道非常濃郁。

　　最後是豬肘的部位（Jarrete），肉質帶有許多筋，吃起來特別有口感，也很多汁鮮甜，適合切成丁狀，當零食吃或拿來炒食蔬，為菜餚增添鮮香味。火腿的每個部位特色鮮明，這也是我跟朋友分享火腿的困難處，因為每條火腿的口味依據切法、切的部位不同而各異其趣。

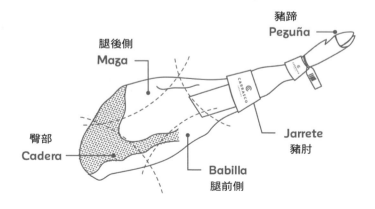

豬蹄
Pezuña

腿後側
Maza

Jarrete
豬肘

臀部
Cadera

Babilla
腿前側

手切火腿前

　　準備好刀具，主角火腿登場。
要使火腿容易切，一定要讓整隻火
腿在室溫下回溫一天。在臺灣買的
一整隻火腿，都是用真空包裝封著
的，開封前得放在冰箱或是乾燥、
不受陽光照射的地方。切火腿的前

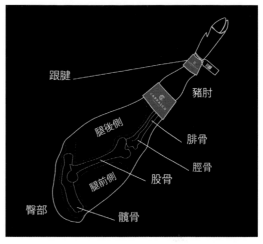

↑ 整隻火腿結構、部位及骨頭分布。

一天把真空袋剪開，讓火腿在室溫下回溫，但是不要加熱，尤其不可以放
進烤箱。切火腿之前也建議先了解火腿骨頭結構，這樣切火腿時將可以預
知什麼時候會遇到哪些骨頭。厲害的火腿師熟悉火腿的結構，像庖丁解牛
一般，切得精準也快速。想練習切火腿，建議可以買塞拉諾火腿，練習切
片，熟悉火腿部位，這樣多次用刀下，要輕易切一條整腿並非難事。

開始切火腿

　　從火腿的哪一側開始切？在西班牙，一般的建議是，當天就會切完整
條火腿的，可以先從腿後側開始切；要一陣子才會切完整隻火腿，則從腿
前側開始切，這樣就不會讓腿前側因為經過多週才切而乾掉。在西班牙的
宴會場合，在當天切完一條或是多條火腿是很常見的；有些家庭習慣在家
裡放一隻火腿，每天切一些，大約在兩三週切完。我的建議是，一隻八公
斤以上，橡果放養的伊比利火腿，若是品質優良，可以從腿後側開始切，

也就是豬蹄朝上，固定在火腿架上，從火腿的精華部位開始切起，切完再換到腿前側。為什麼重量與品質有關？因為七公斤大小的火腿，切之前其實腿前側的肉質已經偏乾，腿前側的脂肪少，所以一切開，腿前側容易乾柴。然而優質的伊比利火腿，因為脂肪豐富，可以保持腿前側的濕潤度，儘管切完腿後側又過了多天，腿前側仍保有相當的肉感，並不乾硬。

另外也建議，一旦開切了一隻火腿，肉質就開始氧化，也變得越來越乾，盡量在兩、三週內切完。至於餐飲業，若是已經過了兩週，建議可以切片，先以真空包裝起來。若是沒有把握可以三週內切完火腿，可以買原廠的切片包裝，依據需求多寡來做調配，才可以保有火腿的新鮮度。

步驟 1 ：清潔外皮和塑形

當火腿固定好在火腿架上，需要確定火腿不會左右晃動。火腿的臀部是靠近切肉師的，也是之後切肉師切火腿的位置。第一，尋找跟腱，在豬腳踝往上約十公分處有一個突出的筋，就是跟腱。找到跟腱，用去皮刀在跟腱的位置往上兩根指頭處，這裡就是下刀點。

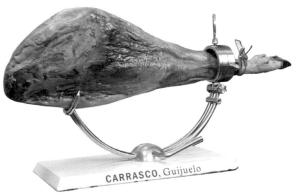

↑ 火腿固定好在火腿架上，確定火腿不會左右晃動。

入刀約45度角切至脛骨與腓骨處，即可以開始做清理外皮的步驟。由豬的臀部往豬肘方向，像是削皮的動作往剛才畫刀的切口順著切，慢慢切除黃色的外皮以及多餘的油脂。這個切口，為的是便於切掉外皮，而切肉師行刀須由內（靠近自己的那一側），向外去皮，才是安全的切法。

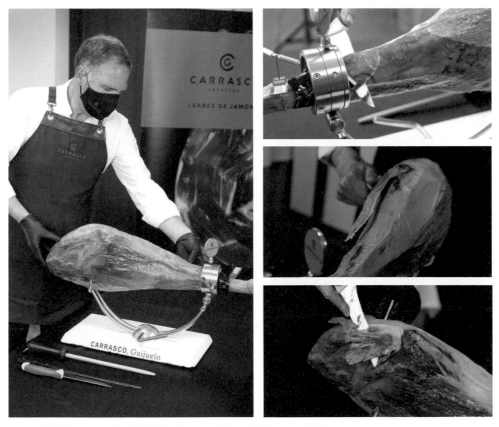

↑ 火腿要固定在火腿架並拴緊肘部，固定臀部，確保不會左右搖晃。
右上　第一刀在跟腱的位置往腿部的兩根指頭處，入刀約45度角。
右中　去皮的步驟，清除至沒有黃色的油脂。
右下　可以用去骨刀去除髖骨部分的黃色外皮，這樣可避免等一下切片不會切到黃色的外皮。

只要有黃色的部分都要切除，外皮是火腿的保護層，長年與外界接觸，並帶有苦味。若切火腿當天會切完整隻火腿，則建議整條腿的外皮都清除，只剩下白色的脂肪。並盡量讓表面光滑以便後續切片。火腿髖骨的部分因為凹凸不平，可以使用去骨刀去皮，比較靈活。外皮因為硬度高，建議使用去皮刀，當看到白色脂肪就可以改用火腿刀，清理火腿表面，讓表面非常光滑，並加以塑形（西班牙文稱這步驟為perfilar）。

步驟 2：切腿後側

很多人問，去除多餘脂肪到哪種程度。其實很好判斷，當火腿削皮並清除油脂後，會看到脂肪內透出微微的粉紅色，這時即可以火腿刀切薄片，直到切到粉紅色部分的火腿。（切下的白色薄片脂肪，可以留下來入菜。）黃色的外皮，以及氧化後變成的黃色脂肪，都要剃除。火腿刀身貼近火腿平面，但切勿重壓火腿刀，切出薄薄的一層，火腿長度由切肉師控制，約五公分左右，寬度則為腿部切面的寬度，約六公分，依據火腿部位切片大小有所不同。其實切片的大小，就是一口可以塞進嘴巴的長寬，所

左 當看到粉紅色部分即可使用火腿刀切片。

中 刀身貼近火腿平面，薄薄一層。

右 切腿後側遇到的第一個骨頭：髖骨，這時用去骨刀的刀尖在髖骨周圍刻劃。

以不宜太大片，而太小片又讓嘴巴無法感受火腿的口感。建議火腿切片時，帶有五分之一到四分之一的脂肪含量，這樣吃起來是最順口的。

繼續切片時，會遇到第一個骨頭：髖骨，這時用去骨刀在髖骨周圍刻劃，這樣可以繼續切片。記得切片時，切面與火腿的股骨成平行，切面仍是保持平面。切了近全火腿的三分之一時（一半的髖骨都露出後），接下來會碰到腓骨，不需要用去股刀刻劃，而是移往腓骨處的右邊繼續切。最後，碰到股骨，再繞著股骨切片。當我們看到股骨球狀的部分，也看到完整髖骨，這時就可以準備將火腿轉至另一面。

步驟 3 ：切腿前側

翻面後一樣在相似位置做45度切口，反覆以相同的方式切掉外皮。若非當天切完，則建議清理火腿時可以先清理四分之一。外皮及脂肪清除後，即可開始切片，腿前側一開始的切片比較小，漸漸的切片面積會增加。切片時僅會碰到股骨，因為不需要分離骨頭，所以較切腿後側來得容易些。而此部位的脂肪較少，刀具也比較好使。當碰到股骨時沿著股骨順

左　在跟腱的位置往腿部的兩根指頭處，往45度側面切。
中　清除腿前側的外皮。
右　腿前側一開始的切片面積比較小，後來面積會擴大。

勢往下切，直到全部的股骨都露出來，腿前側的切片就完成了。這時就剩下豬肘的部位，可以切成厚片並切丁，小丁狀與切片放一盤，增加風味及視覺享受。最後使用去骨刀，刺穿腓骨並在關節處將骨頭往外，即可分離腓骨，切開並去除兩塊骨頭之間的最後一塊豬肘肉，加以切片。這是火腿中不易取用的部位，但也是最多汁的部分之一。

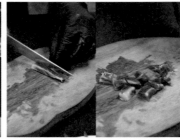

左 豬肘部分可以做切丁的小技巧，先由肘部切出一部分，即可做切丁。
中 切成小丁，可當零食，也可以入菜，西班牙常見用火腿丁炒豆子。
右 切成小丁，擺盤直接享用。

擺盤

擺盤時選擇你喜歡的器皿，可以選擇白色瓷盤，這樣可以明顯看出火腿的色澤和油花，建議先溫一下盤子，讓火腿有一些溫度，風味更佳。在很多地方，尤其是西班牙以外的國家，大家覺得火腿切片一定要擺出特別的形狀，然而在我向專業的火腿師學習後，我學會不擺花俏的樣子，而是讓薄片切得勻稱，千萬不要計較火腿切片是不是都一樣，而是要切出自在

的風格，也不用擺成花形，一樣讓人食指大動。

　　＊ **擺盤小訣竅** ①：切下一片火腿後，將切

　　　　片反面擺上盤子，這樣火腿表面更顯得油

　　　　亮。

　　＊ **擺盤小訣竅** ②：先由盤子周圍開始擺放，

　　　　由外而內擺。

　　現場切片的火腿要在30分鐘內食用，或是裝入
保鮮盒放冰箱二到三天。想多天保存，則可使用真
空包裝密封。

帶骨火腿的保存方式

　　一條帶骨火腿沒有切完，有人建議用原本火腿
切下來的脂肪蓋著，加上棉布。我比較不傾向使用
原本的脂肪蓋住火腿，因為臺灣潮濕，切下的火腿
脂肪容易腐壞而影響肉質。建議直接用保鮮膜包住
整條火腿（衛生考量也不使用棉布），保存在乾燥
低溫的地方。一般餐廳的廚房溫度比較高，營業
時，建議放在離廚房有些距離的地方進行切片，晚
上保存時封上保鮮膜，存放在冰箱冷藏。盡量在三
週內切完，這樣在最好的狀態風味尤佳。

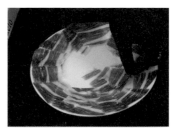

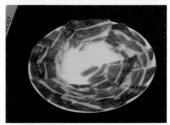

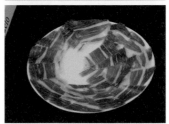

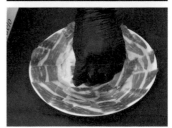

↑ 順時針方向，由外往內擺，切出
　自在的風格。

使用切肉機也很迷人

很多人喜歡手切火腿，一方面是喜歡看火腿師現場的切火腿「秀」，另一方面是認為手切片吃起來口感比較好。其實不然，因為在西班牙以外要找到專業的切肉師並不容易，若要避免人為不當的切法，用機器切片是最保險的方式。在西班牙新的趨勢是，巴斯克自治區的聖巴斯提安（San Sebastián）和馬德里等地，許多精緻餐飲或是酒吧常常使用去骨後腿，以機器切片。最受鍾愛的是古董級的Berkel切肉機，每台要價不斐，但是可以確保切肉的品質。一旦了解如何以機器切片，可以發現比手工刀切片來得好掌握，也大大減少火腿的浪費，也是另一種值得觀看的「秀」。使用切肉機的前提是，火腿必須在火腿廠就做好去皮及去骨，一般去骨火腿大約三公斤半到四公斤，打開後僅需要稍微把氧化的脂肪以刀去除。

切肉機切法

跟手工切的部位道理相似，如圖所示將火腿的腿後側朝上方，直切成五塊，並將第一塊，也就是臀部，分為兩部分，所以總共是六部分。一旦

左 火腿的腿後側朝上方，直切成五塊，將第一塊的臀部分為兩部分。　中 大小均勻切塊。　右 一共切成六部分。

分塊完成，小面積的部位用機器切片，可以順著肌肉紋路切，你會發現切出來其實跟手工切得非常相似，甚至比手工切得更好，脂肪分布更均勻。

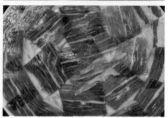

↑ 依據不同部位，可以選擇順著肉的線條，仿手切火腿的樣子。
右上 機器切片若是操作得宜，比手切火腿來得均勻，口感極佳。
右下 擺盤起來，跟手切火腿沒有差異。

去骨火腿的保存方式

　　去骨火腿相較帶骨火腿，保存容易許多，開封後先行分切，不使用的都先真空包裝起來，留下一塊用機器切片。完成後，相同的步驟，使用真空包裝並冷藏保存。相較於帶骨火腿，去骨火腿比較好操作，也較容易控制切出的份量。

Chapter 6

伊比利火腿的吃法、美味搭配及食譜

Este chancho en jamón,
casi ternera
anca descomunal,
a verte vino,
y a darte su romántico tocino
gloria de frigorífico y salmuera.

Quiera Dios, quiera Dios,
quiera Dios,
quiera Dios, Rafael,
que no nos falte el vino,

pues para lubricar el intestino,
cuando hay jamón,
el vino es de primera.

Mas si el vino faltara y el porcino
manjar comerlo en seco urgente fuera,
adelante comámoslo sin vino,

que en una situación tan lastimera
como dijo un filósofo indochino
aún sin vino, el jamón es de primera.

——Nicolás Guillén

看這隻火腿上的肉，簡直像是一條小牛腿
碩大的腿，過去拜訪你
給了你它浪漫的脂肪
同時也是冰箱中最氣派的食物

上天會希望，
我們永不缺酒。

火腿可以潤滑腸道，
當有火腿出現，葡萄酒也不可缺。

然而若是少了酒，
這個珍饌也只能獨吃，
就大快朵頤吧。

沒有酒似乎可惜，
但如同印度文學家說的，
沒有酒，火腿單吃足矣。

——紀廉

1958年，
古巴詩人紀廉（Nicolás Guillén，1902-1989）
到阿根廷布宜諾斯艾利斯，
找尋發展機會，但是始終鬱鬱不得志。
阿爾維蒂（Rafael Alberti，1902-1999）
則是當時西班牙文學界頗有名氣的詩人，
與紀廉都在異地尋求庇護。
阿爾維蒂偕同妻子里昂（María Teresa León）
將紀廉引薦給當時重要的廣播電台，
讓他得以發表作品及演講，因此維持生計。
後來紀廉度過經濟難關後，
送了一隻火腿給阿爾維蒂表達感謝，
並附上他寫的詩句。
在西班牙文化中，火腿是一份大禮。
聖誕節時，公司若有足夠預算，
會贈送員工禮物，眾多人企盼的就是整隻火腿。
對於沒有收到這樣大禮的人，
也會應景買火腿慶祝家族團聚，
以及一年的結束。

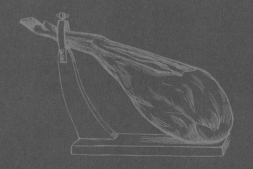

西班牙雖不像臺灣有這麼多街頭小吃，但是小酒吧或是餐廳分布也很密集。一個小鎮儘管人口稀少，沒有診所，沒有警察局，但是一定有一間餐酒館。餐廳與酒吧，是西班牙人生活不可或缺的一環，再忙都要抽出時間到餐酒館吃點東西，跟其他人聊聊天。在西班牙，酒吧（bar）並非僅是飲酒的地方，基本上就是小型餐廳，提供三餐以外，在吧檯還提供各色小菜（tapas）。我剛來西班牙上餐酒吧，看到一道道精美小吃，就覺得滿像臺灣的小吃店或是麵館裡，有個櫃子可以選擇小菜，但是西班牙的選擇特多，每個餐酒館的招牌菜色都不同。所以人們才喜歡在這個酒吧吃上一點，再換地方繼續「續攤」。

到了下班時間或是週末，餐廳酒吧有大人小孩，氣氛熱絡，有人坐著，但是大都站著，人潮甚至延續到餐酒館外的街上。他們左手拿著小點心，可能是酥脆的炸物、外表引人注目的竹籤小菜，或是一片透光的伊比利火腿。右手拿著飲料，啤酒、葡萄酒或非酒精的飲品等。伊比利火腿隨時都可以享用。火腿在西班牙是與朋友家人共聚的象徵，是悠閒週末的前

↑ 西班牙里奧哈自治區（La Rioja）的洛格羅尼奧市（Logroño），當地最重要的酒吧街月桂街（Calle Laurel），喜歡西班牙小菜的人，絕對不可以錯過此地。

↑ 在西班牙餐酒館，可以在吧檯點選你要的小菜tapas或是竹籤串的小吃pinchos。

菜，或是在小酒館的享受。要能好好品嘗伊比利火腿，重要的除了是切工，再來就是溫度，回溫的目的是為了讓香味「醒」來，而擺盤的目的無非是欣賞一片片火腿均勻的油花，每片火腿都是至少五年的光陰，絕對值得讓人細細品嘗並與親友分享。

為了讓大家盡情享受伊比利火腿的滋味，我匯集以下幾種可以凸顯伊比利火腿風味的酒類做搭配，讓火腿的香味以及醇厚的肉感更加昇華。

一、日本酒

巴布洛・阿洛瑪（Pablo Alomar）是日本酒專家，我多年前在一次火腿宴中認識他。外表是西班牙人，卻有日本魂，身著日本酒廠的上衣，非常顯眼。而我這個臺灣人正跟其他西班牙客人介紹伊比利火腿，我推廣的是他熟悉的伊比利火腿，而他推廣的則是因為地緣關係在臺灣都認識的日本酒。

巴布洛在十年前開始投入日本酒的世界，並讓西班牙更加認識日本酒，目前在西班牙的米其林餐廳皆有日本酒可以選擇。讓日本酒有這麼高的能見度，這若是在五年前的西班牙是比登天還難的事情，但是因為他的執著，巴布洛辦到了。由於日本酒的多種風貌，巧妙適合搭配伊比利火腿的充分脂肪，而入口後帶給人的歡愉是因為伊比利火腿的酯味（umami，也作鮮味），因此伊比利火腿與日本酒是非常完美的組合。兩者搭配下烘托出伊比利火腿的鮮甜，使風味繼續延展。

臺灣人對於日本酒的接受度高，在臺灣也可以找到多種選擇，這次我帶了不同部位的火腿切片去拜訪巴布洛，請他針對橡果放養的伊比利火腿做搭配。他推薦了六款日本酒，大部分在臺灣也容易取得，跟巴布洛建議的日本酒做搭配，是味蕾的饗宴。

↑ 出羽櫻純米吟釀適合與伊比利火腿臀部切片做搭配。

1. 出羽櫻純米吟釀

　　來自日本東北山形縣的純米吟釀，50％的精米步合，使用酒造自耕米出羽燦燦，酵母為當地山形縣原種酵母，以及原生麴做發酵。以冷飲（15℃）做搭配，輕聞果香迷人，讓我聯想到芭樂和百香果的氣味，深聞後感受到的香氣富有層次感。初嘗果香飽滿，隨後可以感受到淡淡鹹味。搭配伊比利火腿臀部（Cadera）的部分，火腿的香味被完美呈現，火腿脂肪的草原香氣，跟核果氣味得到昇華。是一款入門日本酒，建議搭配伊比利火腿比較多油脂的部位，也可以搭配加入伊比利火腿的烘烤蔬菜。

2. 福源 純米酒 無濾過原酒生

　　這家酒造來自日本長野縣內，在「日本北阿爾卑斯」之稱的飛驒山脈之下，此酒造以北阿爾卑斯伏流水釀造，水質為中硬水。值得一提的是，此酒造使用的是鴨稻共生的方法種植稻米，合鴨會幫助清除稻田內的害蟲，也吃雜草，牠們的排泄物可作為酒米的肥料，這樣一來則減低農民使用除草劑和農藥，維護好山好水。

這次的搭配為冷飲（15°C），初聞可感受粗曠感的土地氣味，以及海風的鹹味，此酒造的特色是有二至五年的冷藏熟成，因為未經過濾，所以更能感受到日本酒的原始感，搭配伊比利火腿的腿前側（Babilla）口味十分互補，讓伊比利火腿的肉質更加細膩。建議在嘗伊比利火腿時可以先喝一口，讓味蕾恢復到最「誠實」的狀態，這樣品嘗下來，伊比利火腿風味顯得更加圓潤。

3. Tanaka 1789 X Chartier Blend 001

由知名分子味蕾專家夏堤耶與田中酒造店所共同推出的作品，以複數年分混釀的方式進行，作為慶祝酒造創業230週年之用。限量共12000瓶，日本酒的基底卻帶入葡萄酒的結構和力量。此搭配也是以冷飲的方式，風味以歐洲為主打卻不影響日本酒核心，酸度勻稱，對於伊比利火腿的腿後側（Maza）搭配起來非常適合。巴布洛建議這款酒可以放置多年後再喝，風味會在陳年一點，也是不同的體驗。

↓ Tanaka 1789 X Chartier Blend 001，建議配上伊比利火腿的腿後側。

4. 真澄氣泡日本酒

　　伊比利火腿和氣泡酒非常匹配，因為氣泡讓火腿在口中更清爽，這次嘗到真澄氣泡日本酒讓我喜出望外。適合冰飲（5至8℃），初聞讓我聯想到白巧克力，深聞時有炊米的氣味以及微微的鹹味。進入口中時有細膩的氣泡，酸度也很平衡，與伊比利火腿達到完整的結合，讓人齒頰留香。在瓶中二次發酵，並在瓶中陳年兩年，真澄的氣泡酒和伊比利火腿搭配起來是讓人興奮的。不同地區的產物，不同的風土竟有這麼美味的結合。日本酒真的是伊比利火腿的好搭檔，此款可以搭配不同火腿部位，都很適宜。

↓ 真澄氣泡日本酒顏色金黃淡雅，易飲並適合搭配伊比利火腿各部位。

↑ 李白純米酒，有酒體並相當濃郁，卻可以襯托出火腿的鮮香。

5. 李白純米酒

　　這款「李白純米酒」是李白酒造以島根縣產的米「神之舞」所釀造，顏色混濁，初聞有濃厚的米香、香草，以及蘋果的香氣，富有濃郁口感，帶有微微辛辣感與米香並重，冷飲和暖飲皆宜。試酒當天，我們分別嘗試了冷飲（15℃）和暖飲（40℃），都很適合與伊比利火腿做搭配，火腿的鮮味大大提升。

↑ 試酒當天的酒品。

6. 溪流太古酒

溪流太古酒，為長期熟成酒，味道濃醇，帶有甜味的純米古酒。酸味與甜味有著相當的平衡，飲用後的餘韻長留，建議搭配伊比利火腿的脂肪，濃郁的橡果香與這款清酒搭配，將顛覆你對火腿脂肪的想像。

二、雪莉酒

　　雪莉酒這名字聽起來洋味很濃，許多人以為此酒源自於英語系國家，其實雪莉酒來自西班牙南部的赫雷斯小鎮（Jerez de la Frontera），是西班牙再道地不過的酒。它有三千年的歷史，揉合了不同時代的文化及釀酒方式。近年來，西班牙雪莉酒公會積極讓此酒有美麗的轉身，讓人好好認識雪莉酒，與伊比利火腿一樣都需要以知識為基底才能感受到它們的滋味。

　　雪莉酒的西班牙文是Vinos de Jerez，歷史跟火腿相仿，西元前11世紀由腓尼基人帶到赫雷斯地區，在當時的腓尼基人帶領下，將雪莉酒賣到地中海地區，並以羅馬為重要的目的地。那時起，雪莉酒即成為「會旅行的」酒，八世紀穆斯林占據西班牙時，將赫雷斯取名Sherish，也正是「雪莉」一名的由來。雪莉酒給予赫雷斯鎮主要的經濟來源，16世紀時，英國對雪莉酒的需求急遽上升，英國展開多次以公平的、或是非法的手段到西班牙取得雪莉酒。到了17世紀，英國及蘇格蘭商人為了有穩定的雪莉酒來源，紛紛在赫雷斯成立商號，並同時向英國政府施予壓力，以減少稅賦。經過不同時代的更迭，許多英國商人到了其他地區，也使用雪莉酒一名代表不同產區的酒類。直到1993年，西班牙政府頒布第一次關於西班牙葡萄酒的法律，提到雪莉酒原產地的名稱就是赫雷斯。

　　我猜雪莉酒之所以讓人容易忽視，是因為很多人尚未認識這種神奇的釀造方式。一桶桶的雪莉酒，可以用三年為最低的年分做計算，最老的酒可高達百年以上。雪莉酒採用索雷拉陳釀系統（Criaderas y soleras），此工

藝為無數次混合新酒與百年以上的陳釀，這樣的交互換酒及釀酒過程，因此無法確定瓶中真正的年分。但是可以確定的是，一瓶瓶雪莉酒中有百年以上的老酒，所以風味複雜也精采，人們越認識它越對它著迷。雪莉酒可分為不甜的雪莉酒以及甜的雪莉酒，與伊比利火腿搭配推薦的是不甜型雪莉：Fino、Manzanilla、Palo cortado、Amontillado這四種跟伊比利火腿非常合拍，都是冰鎮後飲用。

↑ 雪莉酒酒窖中的索雷拉陳釀。

　　Fino的西班牙文意思是細緻的，顏色為細緻的淡金色，口味更是讓人驚豔。此酒採用palomino葡萄，是西班牙數世紀以前就開始使用的葡萄種類（也使用其他幾種白葡萄，但以palomino為主）。陳釀過程全程需要在赫

雷斯著名的微氣候下，以酵母形成的酒花（flor），也是雪莉酒的靈魂，主導陳釀的過程，以生物成年的方式釀酒（crianza biológica）。侍酒夏娃Eve在她的文章〈那一抹生物的味道〉中，寫到被世人遺忘的雪莉酒，長久以來生物們加上當地空氣架構出不同酒窖特色、不同年分發展出難以複製的風味。

在1980、90年代因為消費者傾向酒體輕薄、易飲的酒類，在那時雪莉酒廠為了迎合銷售，經過多次過濾，並讓色澤沒有混濁感。然而這三、五年品飲者以及酒廠紛紛開始回歸自然，尋找Fino原始的風味，所以有了Fino En Rama，就是未經過濾，或是非常初步過濾的Fino。

另外，以Fino 做為開胃酒，是搭配伊比利火腿的首選，它能讓味蕾重

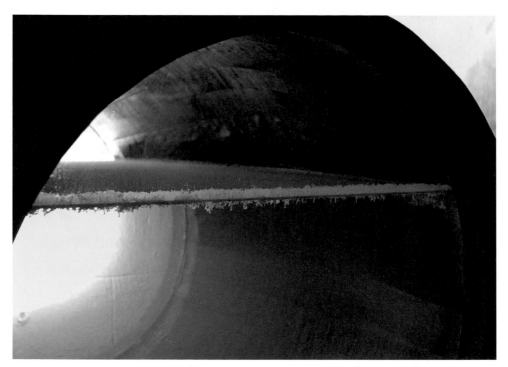

↑ 雪莉酒桶中的酵母酒花Flor。

新歸零，並使味蕾更加敏銳，使口中呈現品嘗食物的最佳狀態，並讓食物的鮮甜充分在口中顯現。

　　Manzanilla，西班牙文是小雛菊的意思，據說此酒的命名是因為此酒有小雛菊的清香，葡萄的種類也使用palomino。釀酒方式與Fino相同，但是釀酒的地方僅能在桑盧卡爾-德巴拉梅達（Sanlúcar de Barrameda）地區的酒廠。此地區位於瓜達幾維河，匯入大西洋的交會，大西洋的海風加上大河入海的氣勢，讓橡木桶中生成不同風味的酵母酒花，也有人說品飲Manzanilla時可在口中感受淡淡的鹹味。有些酒廠刻意讓它「輕過度」陳釀，所以在酵母花的發酵後，經過微微的氧化過程，這樣的佳釀有更多層次的風味，稱為Manzanillas Pasadas。

　　Amontillado是我眼中最特殊的酒，有了酵母酒花的參與（如同Fino和Manzanilla），並用人工方式提高酒精濃度，在酵母的酒花消失後開始氧化，這時酒體轉為厚滑，顏色成為琥珀般的謎樣色彩。有趣的是Amontillado因為結合的生物陳年、以及氧化陳年，不同酒廠有他們傾向的比例，若是顏色不深而嘗起來有酵母的香味，那就是受到生物陳年的影響大於氧化陳年；相對的，若是顏色較深，品飲時有堅果味和橡木的香氣，那就是氧化陳年的陳分較多。

　　這些雪莉酒完全不掩蓋火腿在口中的味道，酒體適中，可以招架住火腿爆發性的香味，並在口中達到平衡。海洋和陽光的混合在生物陳釀下，風味平衡，搭配上伊比利火腿，可以說是再「西班牙」不過的組合了。

↑ Fernando de Castilla Fino En Rama色澤金黃，適合冷飲並搭配伊比利火腿作為最佳的開胃菜。

1. Fernando de Castilla Fino En Rama

Fernando de Castilla雪莉酒酒莊主人，是挪威籍的西班牙女婿佩特森（Jan Pettersen），因為愛好雪莉酒，1999年購下酒莊。從那刻起，佩特森一頭栽入雪莉酒的世界，讓酒莊成為赫雷斯產地頗具代表性的小酒莊。值得注意的是，Fernando de Castilla酒莊的雪莉酒皆不使用工業化過濾程序，都是以原始的風貌呈現。酒莊的名字是以卡斯提亞的費迪南多國王（Fernando de Castilla）之名命名，紀念他在13世紀征服了安達盧西亞的大部分地區，也是因為這國王發現赫雷斯當地特有的土壤品質，和適合白葡萄生長的氣候。

酒莊這款Fino en Rama就如置身於赫雷斯的酒廠，直接品嘗從雪莉酒桶倒出來的Fino。未經過濾，而只在春季裝瓶，顏色為金黃色，初聞有杏花香，再聞則有烘烤核果香，風格恬適，入口可以感覺絲絨般的酒體，這時配上伊比利火腿，兩者在口中達到互補作用、並讓伊比利火腿的油脂香味更加顯著。

2. Fernando de Castilla Antique Amontillado

此酒廠的Antique Amontillado有著琥珀色澤，濃厚的堅果香氣伴隨淡淡的海味。入口可以感受到渾厚的酒體，卻絲毫不刺激味蕾。此款酒的酒桶平均年分為20年，每年僅在冬季裝瓶，以自然傳統方式低溫裝瓶，所以顏色澄澈，鮮味滿分的伊比利火腿搭配這款經典的Amontillado是一拍即合啊。

↑ 這款Fernando de Castilla Antique Amontillado是歲月淬鍊下的成品，
如同伊比利火腿，都需要耐心等待。

↑ La Guita有淡淡的海水風味及柑橘果香，口感細緻。
適合搭配起伊比利火腿油脂豐富的部分。

3. La Guita Manzanilla

　　La Guita在西班牙是經典的雪莉酒品牌，當地每個餐酒館都可以看到這款Manzanilla，也早已深植西班牙人心中。Manzanilla一般使用在赫雷斯地區種植的Palomino葡萄，但是釀造過程需要在桑盧卡爾小鎮（Sanlúcar）。而La Guita使用的葡萄，以及釀造過程都在Sanlúcar小鎮。因為該鎮的特殊氣候，一年之中320天有足夠的日照，伴隨大西洋的水氣以及西風，有充分的濕氣，讓它的酒花和Fino所形成的酒花相比架構不同，也相對豐富。此酒有淡淡的海水風味及柑橘果香，口感細緻。搭配起伊比利火腿油脂豐富的部分，如腿後側（Maza）或是臀部（Cadera），可感受到火腿的口感，以及濃厚的榛果香。

三、西班牙葡萄酒

　　西班牙的葡萄酒令我傾心，葡萄酒專家林裕森的著作《西班牙葡萄酒》一書中提到這國家曾經是葡萄酒世界裡沉睡的巨人。西班牙的葡萄酒這些年來開始復興，人們將原有的天然資源加上新的理念以及更好的技術，釀造出充滿新意、品質更好的葡萄酒。我有幸見證這巨人的甦醒。我在西班牙生活、工作，認識許多火腿公司的同業、酒莊、農人及食品生產者。我的經驗以及所見，在在打破外界對於西班牙人的刻板印象。西班牙在農業時代，甚至是現在，都是靠天吃飯，但是人民並不懶散；也並非外界所認為的，西班牙人就只知道享受人生。現在西班牙葡萄酒光芒再現，並非三五年的準備，而是由根部注入新的能量。

伊比利火腿，結合西班牙本地風土的葡萄酒，應該是最好的組合，傳統上說紅肉配上紅酒，然而對於伊比利火腿則並非如此。葡萄酒中，以白葡萄酒和伊比利火腿做搭配，比紅葡萄酒來得保險。然而西班牙有超過96個產地名稱保護制度（Denominación de Origen，簡稱D.O.）的葡萄酒，各個自治區的自然環境都各有特色，葡萄酒的風味多樣，這裡選出幾種葡萄酒類做代表。紅葡萄酒對於伊比利火腿的搭配是一大考驗，風乾熟成的肉類，富有高度脂肪，其實對於紅葡萄酒是比較挑剔的。尤其在橡木桶陳釀時間較長的紅葡萄酒，這外加的味道容易蓋過火腿的香氣，甚至是讓風味改變。所以選擇紅葡萄酒時，可以選擇酒體較輕盈，或是僅有經過短暫陳釀的紅酒，也可以用低單寧的葡萄品種作為選擇方針。這樣一來即使經過橡木桶陳年，也較不容易有搭配上的衝突。現在臺灣可以買到很多西班牙優質的葡萄酒，非常推薦讀者多方嘗試，搭配出心目中適合伊比利火腿的葡萄酒。一旦嘗到自己喜歡的葡萄酒，把名字記下來，代表這酒莊是備受肯定的。

紅葡萄酒

1. Cair Selección La Aguilera 2015

Dominio Cair酒莊位於多羅河岸（Ribera de Duero），酒名取為La Aguilera選品，因為採收的葡萄都種在多羅河岸的La Aguilera小鎮，而這裡特別的是海拔為850公尺，相較於其他多羅河岸來得高，所以取得的葡萄

↑ Cair Selección La Aguilera 2015，也建議搭配前腿切片，雖然是一款陳年紅葡萄酒，火腿香味也能有所發揮。

釋放一種獨特的酸性。此款酒為95%田帕尼優葡萄（Tempranillo）以及5%的梅洛葡萄（Merlot），皆為超過45年的老藤。這一瓶是該酒廠的在2015年採收的葡萄，經過14個月一半法國橡木桶、一半美式橡木桶陳釀後，裝瓶並在酒廠陳放一年。初聞有果香、微微的地中海香草味，深聞有巴薩米醋和香草味，豐富又有層次。入口可以感覺到淡雅的花香、微微的酸度在舌翼兩側，讓人還想喝第二口。配上火腿的腿前側（Babilla）相當適合，因為這款酒淡雅的酸性，使火腿的風味有不同的呈現。加上梅洛葡萄，給予這款酒淡淡的黑莓果味，並讓酒體輕盈。非常建議直接搭配火腿或是火腿

酥炸圈（第7章會介紹的食譜），都是很棒的選擇。現在再看我的品飲筆記時，這款酒的尾韻感覺還在呢！

2. Cortijo Los Aguilares Pago el Espino 2018

酒莊和葡萄園都位於西班牙南部馬拉加省（Málaga）的龍達山區（Serranía de Ronda），許多人熟知的白色山城，進入東北邊山區後竟是另一種微型氣候。莊園的周圍都是橡樹森林，也是伊比利豬放養的林地。莊園主人加西亞（Bibi García）也是釀酒師，向我解釋說，莊園成立的初衷，是重新定義當地葡萄酒的釀造，希望從葡萄的種植到製酒都以自然的永續為中心。這時有成群的鳥類伴隨我的拜訪，加上昆蟲聲音讓原野特別熱鬧，讓我想到臺灣夏天時的稻田，也有這樣的生命力。葡萄園負責採收的農民戴著草帽，採集完的葡萄小心放進草籃裡，再用肩膀扛著一箱箱細心呵護的葡萄。

葡萄園位於海拔900公尺的高度，霧氣繚繞，還有來自地中海的水氣，加上石灰岩地形，讓此地生長出的葡萄有酸度，但又與酒精充分磨合，三種葡萄的混釀：Petit Verdot、Tempranillo、Syrah，讓單寧與酸達到平衡，使酒體有滑潤的質地。是一款有西班牙南部風情的紅葡萄酒，但是細緻到可以與伊比利火腿做搭配，先吃一口火腿，完全感受完肉質及鮮度後，再佐酒。這款Pago el Espino不遮掩火腿的風味，又保持著自身的優雅。易飲，非常適合佐火腿或是風乾香腸。

↑ 伊比利前腿切片因為口味濃郁，也可以與這支酒作搭配。

3. Castillo de Cuzcurrita Señorío de Cuzcurrita 2015

在釀酒師朋友安娜‧馬丁（Ana Martin）的介紹下，我認識了這家小巧的酒莊。莊園主人因為熱愛紅酒，和幾位家人集資，創立了在里奧哈自治區Cuzcurrita鎮的釀酒廠。酒莊使用的葡萄皆來自此村莊，僅使用老藤的葡萄。我一開始不太確定，此酒與伊比利火腿兩者的搭配性，因為酒來自西班牙里奧哈產區，100%田帕尼歐葡萄並經過橡木桶陳釀，多種因素都讓我覺得不太合適火腿，但是嘗了幾次都有意外的收穫。2015年分的Señorío de Cuzcurrita六年後開瓶，香氣飽滿綿長，有成熟黑李的果香，入口後發現單寧味道輕薄，酸度非常平衡，搭配起伊比利火腿其實合適，建議可以搭配腿後側（Maza）或是肘部（Jarrete）的部位。

↑ Señorío de Cuzcurrita六年後開瓶，香氣飽滿綿長，建議可以搭配腿後側或是肘部。

4. Celler de Roure Les Prunes 2019

　　這瓶是為媽媽釀的酒。Les Prunes是一款有趣的酒，紅中白，使用紅葡萄釀白葡萄酒的方式，使用的是紅葡萄品種Mandó。酒莊主人帕布洛·卡拉塔尤（Pablo Calatayud）開始決定學釀酒時，發現在瓦倫西亞的大多數地區都種植當時流行的品種，田帕尼歐（Tempranillo）。然而帕布洛想種植適合當地的葡萄，便找了本地的葡萄品種Mandó。那時起，帕布洛和

↑ 酒名Les Prunes意思是野生李子，兼具果香和花香，代表母親的馨香。

協助他的親友種植了Monastrell以及Mandó等當地早期就在種植的葡萄。而且Mandó這種嬌貴的葡萄，就是這一款酒的葡萄種類，清新易飲，酒名Les Prunes意思是野生李子，兼具果香和花香，代表母親的馨香。可作伊比利火腿的開胃酒，不需要特別的理由，就是想要輕鬆地享受一盤火腿。

白葡萄酒

　　Carrasco的伊比利火腿在西班牙國內市場中，最忠實的客人是在巴斯克地區（El País Vasco），在許多西班牙人心目中，巴斯克人最懂料理，喜歡「真實的」食物味道。巴斯克自治區在2021年，一共有23間米其林星級餐廳，是美食集聚地。以下白葡萄酒中皆來自巴斯克的Txakoli。

1. Astobiza Malkoa

　　Astobiza酒莊及葡萄園位於阿拉瓦省（Álava）的小鎮，在（阿拉亞 Alaya）峽谷之中，利用當地特殊的氣候和大西洋的水氣，配合上峽谷的雲霧，葡萄田長年都有綠草覆蓋，顯得生氣盎然。對我而言，Astobiza酒莊就是甦醒的葡萄酒巨人，酒莊執行長祖貝迪亞（Jon Zubeldia）成立酒莊的契機，是因為看到朋友在36年前開始種植葡萄，賣給其他酒莊，多年來看到莊園的葡萄皆被評選為高品質，便在2007年決定與其他朋友合資在葡萄園旁蓋釀酒廠，這樣一來葡萄收成後，可以立即做處理，不讓葡萄的品質受損。

　　Astobiza可以說是聚集多方面的特色於一身，使用的是Ondarrabi Zuri、Ondarrabi Zuri Zerratie等巴斯克原生種葡萄，這些品種僅在西班牙北部以及法國南部極少數地區可見，而葡萄種植地的峽谷使地區有著特殊的微型氣候，葡萄田皆朝南方，所以日照長，葡萄比其他同地區的葡萄更加熟成。另外，酒莊使用的葡萄都是自家莊園的單一葡萄園，葡萄皆為人工採收，在多重特色和莊園細心做事的態度下，酒的風味也因而不同。

　　Malkoa這款白葡萄酒名是巴斯克語，意思是眼淚，因為此白葡萄酒的製程不經過榨汁的步驟，而是直接進不銹鋼桶進行發酵程序，之後於蛋型的混凝土罐進行20個月的二次發酵。香氣如不同香草所組合，並帶有葡萄柚的香氣和濕潤草地的氣味，品飲時口中的滋味彷彿置身於大西洋岸，酸度平衡，口味極佳，並在口中停留好一陣子。這款酒適合多人一起品飲，與親友分享此酒與伊比利火腿，是一大享受。

← Astobiza酒莊的晚收成。使用的葡萄是當地原生種類，把握葡萄種植地勢有的長日照，直到秋季收成。

2. Astobiza Late Harvest

我不停尋找適合搭配伊比利火腿的白葡萄酒，雖然比紅葡萄酒來得容易，但是要有酸甜平衡，又不可以過於無趣的白葡萄酒，終於讓我找到這一支：Astobiza酒莊的晚收成。使用的葡萄是當地原生種Izkiriota葡萄，把握秋天的日曬，直到11月中旬後採收（該酒莊其他葡萄在10月第一週完成採收），晚收成的Izkiriota葡萄使得這款酒帶有濃厚的果香卻平衡的低甜度，是伊比利火腿的良伴，豐富的脂肪遇上口感清爽卻帶有酒體的Astobiza Late Harvest，我想我找到最適合伊比利火腿的白葡萄酒了。

三、氣泡酒

寫作本書時，非常希望能夠加入臺灣本地的佳釀，除了希望中西合璧也希望讓伊比利火腿有更多搭配選擇，但是身處西班牙礙於疫情也不能回臺灣尋酒。當時我心一橫，直接與臺灣威石東酒莊聯絡，我當時直覺想，若是威石東在臺灣可以屏除種種困難，釀造出屬於臺灣副熱帶小島的風味葡萄酒，他們一定也懂得伊比利火腿，這麼西班牙的產物要讓臺灣消費者認識的難處。與威石東團隊的Sean討論後，他馬上告知我酒莊莊主楊仁亞將幫Carrasco的火腿配酒，在此真的很感謝威石東的相挺，他們挑選了2021年夏天發行的小威石東微氣泡酒W°2做搭配。氣泡酒是一種受歡迎的酒類，也屬於容易搭配餐點的酒品。書中分享的氣泡酒皆為傳統作法瓶中二次發酵，是非常費工夫也耗時的製程。

小威石東微氣泡酒W°2，葡萄採收為夜晚以人工篩選優質的葡萄，部分手工除梗破皮果粒，部分整串果串輕度壓榨，瓶中二次發酵，期間包含每隔兩小時手工轉動瓶身，最後除渣封瓶才完成。這款小威石東微氣泡酒W°2，選用五種在地紅白葡萄以最平衡的比例釀製而成。能夠寫到島嶼上所生產的酒，心情無比興奮，伊比利火腿與臺灣氣泡酒的相遇令人期待。

1. 小威石東氣泡酒W°2

Carrasco伊比利火腿有著濃郁香氣和堅果脂肪，搭配上小威石東微氣泡酒W°2，細膩的氣泡讓味蕾有臺灣柑橘類的獨特香氣，配上伊比利火腿讓口中的滋味多元，濃厚橡果油脂的風味上增添了跳躍的清新風味，彼此間融合得非常優雅、平衡。就像一場熱烈的對話，想要再一片火腿，再一口氣泡酒，不允許被打斷。這是一天裡任何時候都可以享受的美妙搭配。威石東的執行長楊仁亞提醒著，要小心這樣的搭配，因為一盤Carrasco和一杯小威石東氣泡酒，是不會滿足的喔！

產地轉回到西班牙，氣泡酒大部分出產於加泰隆尼亞自治區Penedès葡萄產區，介於山海之間。此產區又細分為三個不同的區域：Alto Penedès（靠近海岸山脈），Maritime Penedès（毗鄰地中海岸和Litoral山脈）和Central Penedès（兩區之間）。綜合了地中海氣候及高地氣候特徵，讓此產區的葡萄別有特色。

↑ Carrasco伊比利火腿搭配上小威石東微氣泡酒W°2，細膩的氣泡讓味蕾有臺灣柑橘類的獨特香氣，配上伊比利火腿讓口中的滋味多元。

　　Xarel·lo, Macabeu和Parellada是當地傳統白葡萄品種，當地酒莊發現其他白葡萄，例如Chardonnay、Riesling、Sauvignon blanco也適應當地的氣候，並延展出有當地風土的葡萄酒。現在Penedès著名的白葡萄是因為當地1887年受到葡萄根瘤蚜的蟲害，紅葡萄種植完全被蟲害侵襲，也應證了危機就是轉機，當地葡萄農轉種植耐蟲害的白葡萄品種，並發展出優質的白葡萄品種。到了現今21世紀，Penedès多重發展，氣泡酒為眾多人熟知，但是也有許多優美的紅葡萄酒。在此產區的酒莊有些隸屬於原產地名稱保護制度（Denominación de Origen de Cava，簡稱D.O. Cava）。Cava是西班牙氣泡酒的種類名稱。Cava非單一產區，而是有四個地域，以Penedès產區為大宗，其他則為：Valle del Ebro、Viñedos de Almendralejo 以及Zona de Levante。釀造方式為傳統製程（Método tradicional），如同我們所知的香檳製法（Champenois），在瓶中二次發酵。

　　近十多年來，多間富有盛名的酒莊因為對氣泡酒有不同的理念，離開D.O. Cava，並創造出氣泡酒另一種風貌，成立CORPINNAT協會，他們的

↑ Torelló酒莊的瓶中陳釀室。

宗旨讓人耳目一新，感受到酒莊業主越來越努力保護地區的風土。成員酒莊的必須遵守以下規範：葡萄莊園必須為100%有機種植、釀酒至裝瓶都需要在自家酒廠、葡萄採收須為全手工採集、瓶中熟成至少18個月，目前市面上還可以買到瓶中陳釀五年之久的。

2. Torelló Special Edition -Brut 2015

這一款CORPINNAT氣泡酒來自Torelló酒莊，家族六世紀以來從事葡萄種植，直到1951年開始致力於氣泡酒的製作。這款氣泡酒為莊園主人

↓ Torelló酒莊完全有機種植，是西班牙許多酒莊對於土地的承諾。

Toni帶我參訪酒莊時推薦的，葡萄為有機種植，全手工摘採，碰上2015年的冬季豐雪，初春有雪水的灌溉，夏季沒有過度的燥熱，甚至有一點小雨，整體來說是收成相當好的年份。Toni說這酒莊的氣泡酒製成僅使用第一次壓榨出的葡萄汁，再來就是發酵過程。酵母為酒莊保存下的當地野生酵母，於瓶中進行二次發酵，並於瓶中陳年三年，每年固定手工搖晃瓶身（poignettage），讓酵母充分混合到酒體，使風味更顯著。與伊比利火腿的搭配下，細膩氣泡收斂口中唾液，不自覺口中又再次分泌唾液，回甘，並讓火腿的香味在口中延續。

↓ Torelló Special Edition氣泡酒費時多年的製程，成果顯示這是值得等待的，不同場合都適合飲用的酒與伊比利火腿。

用伊比利火腿入菜，4道精選食譜

　　本書內容有很多都是我工作的實錄，什麼意思呢？我在書中肯定提到超過兩次關於伊比利火腿食用前的回溫，就像是有一些紅酒需要時間和空間去醒它。伊比利火腿則是需要一點溫度，讓脂肪融化開始變成透明，這時食用，火腿是最香甜的時刻。可以直接將回溫後的火腿一片片放上烤好的麵包，也是西班牙常見的伊比利火腿吃法。

　　所以在直接吃火腿以外，我也試做了不同的創意料理，尤其是橡果放養的伊比利火腿，在西班牙除了骨頭，其他都是直接食用，但是東方飲食比較喜歡熱食，也喜歡一道菜中有多樣食材感覺比較熱鬧，所以分享給大家四道以伊比利火腿入菜的料理，自己在家也可以輕鬆做。我非常推薦給餐飲業者，結合臺灣當地食材並融入伊比利火腿，使火腿有不同的呈現方式，並可以了解如何充分利用火腿的各部位入菜。

↑ 西班牙常見的早餐，烤麵包配上一片片伊比利火腿。

伊比利火腿餃

在臺灣，餃子是我們再熟悉不過的食物，
媽媽的好朋友福容阿姨，
自小就和山東籍母親學了一手好技能，
尤其是擀餃子皮和包餃子。
多次在旁跟著做，
沒想到學了擀餃子皮竟然成為日後在西班牙想家時的慰藉。
如同阿姨說的，學會擀麵皮，可做餃子，
剩下多餘的麵團也可以做蔥餅，或是切成麵條。
餃子若要好吃皮不能太厚，餡料要小心斟酌。
這道伊比利火腿餃是我思鄉時常做的料理，
想念家鄉味時不忘我已經生根在西班牙，
所以也加入伊比利火腿的香。

餡料材料

◆ Carrasco伊比利火腿：100克切成
細絲（建議使用整腿的餐飲業者，
可以用火腿骨周圍的碎肉替代，加
上三、五片脂肪，餡料口感更佳）
◆ 瘦豬絞肉 ⋯⋯ 225 克
◆ 肥豬絞肉 ⋯⋯ 50克
◆ 大蒜 ⋯⋯ 1、2瓣切碎
◆ 醬油 ⋯⋯ 10 毫升
◆ 香油 ⋯⋯ 5毫升
◆ 薑末 ⋯⋯ 8 克
◆ 高麗菜 ⋯⋯ 100克切碎
◆ 青蔥 ⋯⋯ 一把，切碎
◆ 鹽巴 ⋯⋯ 適量

餃皮材料

無法買到現成水餃皮的
人，這是福容阿姨的作
法，簡單零失敗。

◆ 中筋麵粉 ⋯⋯ 300克
◆ 冷開水 ⋯⋯ 190毫升
◆ 鹽巴 ⋯⋯ 適量

> TIP：可以利用伊比利
> 火腿骨頭，加上昆布
> 或是當季蔬菜，來熬
> 湯做餃子的搭配。

白葡萄酒Astobiza Malkoa、
Astobiza Late Harvest或是
福源純米酒。

作法

❶ 豬絞肉拌勻後到有黏性後加入薑末、蔥花等調味料,這時加入伊比利火
腿並攪拌均勻。

❷ 拿出另一個調理盆,放入剁碎的高麗菜,加入鹽巴攪拌均勻,靜置20分
鐘使高麗菜軟化脫水。

❸ 用手擠乾高麗菜水分後加入肉餡攪拌,餡料完成。

❹ 麵粉放在工作台上,挖成一個火山洞口般,撒鹽,一邊放水一邊揉,麵
粉備在一旁,邊揉邊加上一些,不讓手黏有麵團屑。麵粉與水的比例稍
微改變都是正常的。用水為冷水,因為這樣使得餃皮煮起後有Q度。兩
手搓揉麵團,直到表面光滑,這時可以將麵團用盆子蓋住,醒麵約1、2
小時。

❺ 醒麵後,需要再次揉麵,麵團越是光滑,代表餃皮煮熟後越是細緻有彈
性。

❻ 當麵團醒好後可以切成三塊,拿起一塊揉成幾個長條,另外兩塊則先蓋
住以防水分流失。長條再切成小麵團塊,這時就可以擀麵皮。若是不想
分別擀麵皮則可以將一塊麵團擀平,再用玻璃杯壓成一片片餃皮。

❼ 麵皮都先準備好後,加入餡料,封口處沾點水,麵皮合起捏緊,這時包
水餃就需要看個人的功力了。

❽ 包好水餃,可以用水煮,也可以鍋煎變成煎餃。現包及冷凍的水餃可以
在水滾後下餃子,開中大火,水滾後水餃浮上水面,再加一碗冷水。加
冷水兩次,餃子圓圓胖胖浮起時即可起鍋。

Dumplings (empanadillas) de jamón ibérico al estilo taiwanés

黃澄澄溫暖時蔬佐伊比利火腿

這道時蔬我在西班牙常做，也推薦給餐廳試試看。
Carrasco伊比利火腿的鮮味濃郁，
配上當季時蔬可以讓蔬菜的甜味與火腿的鮮味融合，
另外還加上一顆蛋黃，色香味俱全，
將伊比利火腿的鮮味呈現的淋漓盡致。
在家自己吃飯或是宴請客人都合適，
算是一道簡單的大菜呢。

材料

◆ 蘆筍 …… 一把切成小段
◆ 新鮮香菇 …… 數朵切成塊
◆ 檸檬 …… 半顆榨汁
◆ 雞蛋黃 …… 4顆
◆ 醬油 …… 150毫升
◆ 砂糖 …… 20克
◆ 鹽巴 …… 適當

TIP：蔬菜不限蘆筍，也可選用當季時蔬，如竹筍、青江菜或是白蘿蔔等。

作法

❶ 做這道菜時可以提前製作蛋黃，4顆生雞蛋黃浸上醬油和砂糖1小時。

❷ 蘆筍和香菇放進滾水中，加上檸檬汁一起清燙約三分鐘，直到蔬菜變軟嫩。

❸ 蔬菜撈起放乾。鍋子下油熱鍋後，清炒蔬菜，放少許鹽巴調味。

❹ 蔬菜炒好後擺盤，伊比利火腿一片片放在蔬菜上層，旁邊放上蛋黃就完成了。

搭配餐酒

小威石東微氣泡酒W°2，
或是Fernando de Castilla
Fino En Rama。

Setas, espárragos,
yema de huevo curado
con jamón ibérico

伊比利火腿酥炸圈

Buñuelos 是西班牙常見的炸物，
顏色和香味都很像小時候在菜市場看到的臺灣點心「雙胞胎」。
西班牙版本有甜的餡料如卡士達或巧可力醬，
也有鹹的餡料像是鱈魚。
這道食譜是創意的融合，
結合伊比利火腿與西班牙常見小點，
可以當作Tapas下酒，
或是前菜都很適合喔。

材料

- 雞蛋 …… 1顆
- 雞蛋黃 …… 1顆
- 杏仁 …… 50克剁碎
- Carrasco伊比利火腿 …… 80 克切碎
- 乾迷迭香香草 …… 1茶匙
- 中筋麵粉 …… 75克
- 無鹽奶油 …… 30 克
- 開水 …… 120毫升
- 鹽巴 …… 適量
- 葵花油

作法

❶ 水放入鍋裡加熱並加入奶油及一搓鹽巴，直到奶油融化。

❷ 關火，倒入麵粉混合均勻，這時麵團濕軟但是為一體。

❸ 麵團打入蛋、蛋黃並開始攪拌。放入伊比利火腿、杏仁及一點鹽巴充分攪拌。

❹ 另外開火起油鍋，直到油完全受熱，這時用兩個鐵湯匙挖起麵團做成圓形，兩個湯匙的用意是易於成形，沒有很圓也沒關係，進油鍋會各自作修飾並成形。一邊做，一邊放入油鍋，需時6到8分鐘，直到一球球成為深金黃色，就可以夾起。

❺ 放在廚房紙巾上瀝油後，即可撒上一點點迷迭香，做裝飾也讓炸物有地中海的香氣。

搭配餐酒 出羽櫻純米吟釀、Cortijo Los Aguilares Pago el Espino、Torrlló Special Edition 氣泡酒、La Guita 或是Fernando de Castilla Antique Amontillado 都很適合。

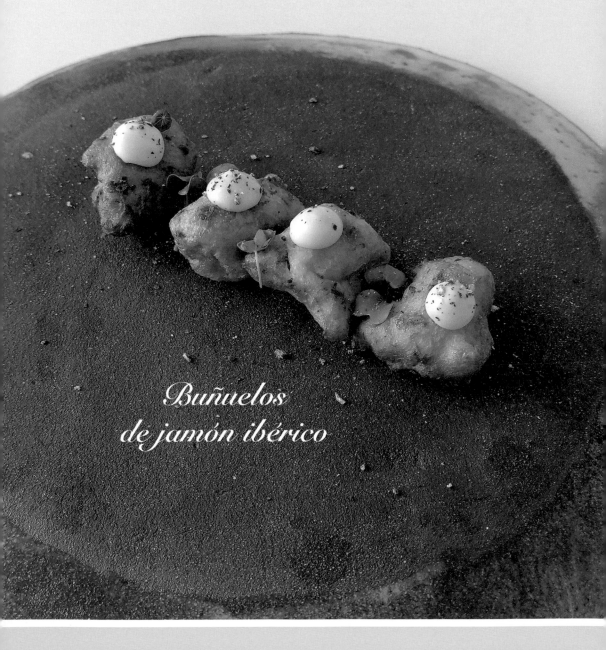

Buñuelos
de jamón ibérico

伊比利火腿杯子蛋糕

在西班牙，
常見麵包加上一點新鮮番茄並配上伊比利火腿，
我將它做了一點點改變，
變成杯子蛋糕，
可以當早餐也可以是悠閒的下午茶點，
做法簡單也不費時。

材料（4人份）

- Carrasco伊比利火腿切片 …… 80克
- 雞蛋 …… 4顆
- 希臘優格 …… 100克
- 無鹽奶油 …… 40克
- 鮮奶 …… 50毫升
- 發酵粉 …… 8克
- 低筋麵粉 …… 300克
- 細鹽 …… 少許
- 黑胡椒 …… 依喜好添加

搭配餐酒：溪流太古酒、真澄氣泡日本酒或是Les Prunes。

作法

① 奶油放置小碗內，用微波爐加熱約30秒至融化，注意別讓奶油焦了。

② 拿出攪拌盆，打蛋進去攪拌，加上融化奶油，持續攪拌讓空氣打進蛋液，當蛋液偏白色並有鬆軟感時即可停下。

③ 加入希臘優格到攪拌盆裡，充分攪拌至兩者完全結合。

④ 這時加入過篩後的麵粉和發酵粉，充分攪拌後加入鮮奶。

⑤ 烤箱預熱180℃。

⑥ 伊比利火腿切成細狀，加入至攪拌盆拌勻即可放入模型，放入烤箱以180℃烘烤15分鐘。至表面金黃即可。

TIP：這道點心可以溫熱時吃，或在室溫放冷後吃，可在表面淋上一點橄欖油。

Magdalena
de jamón ibérico

Chapter 7

專業吃貨帶你
尋找伊比利火腿

Hay vino, Nicolás,
y por si fuera
poco para esta nalga de porcino,
con una champaña que del cielo vino
hay los huevos que el chancho no tuviera.

Y con los huevos, lo que más quisiera
tan buen jamón de tan carnal cochino:
las papas fritas, un manjar divino
que a los huevos les viene de primera.

Hay mucho más, el diente agudo y fino
que hincarlo ansiosamente en él espera
con huevo y papa, con champaña y vino.

Mas si tal cosa al fin no sucediera,
no tendría, cual dijo un vate chino,
la más mínima gracia puñetera

—— Rafael Alberti

Nicolás，我有酒，

這隻火腿要配上，

我有瓶上好的香檳，

廚房更不乏有雞蛋。

我最愛的，火腿配上幾顆雞蛋，

這隻火腿的肉質來自原野，

炸馬鈴薯，來自大地的美食，

兩者加上雞蛋正是美味。

口中的牙齒相互磨著，

早已迫不及待，

配上雞蛋、馬鈴薯、香檳和葡萄酒。

如同一位中國詩人說過，

若是沒有可搭配上火腿的東西，

那就了無新意。

——阿爾維蒂

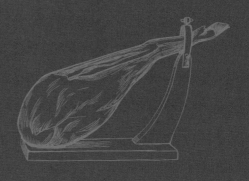

當阿爾維蒂收到朋友紀廉的火腿贈禮，
以及詩句，也寫了一首詩當作回信。
詩中提到葡萄酒、香檳等酒類，
當代詩人阿爾維蒂對於火腿的搭配相當了解。
在西班牙常見葡萄酒搭配伊比利火腿，
然而氣泡酒也很適合搭配火腿的。
至於以火腿入菜，
阿爾維蒂也完全道出精髓，
煎雞蛋這麼簡單的小食，
搭配伊比利火腿更是鮮味加倍的組合。
而伊比利火腿配上切得薄薄的馬鈴薯，
現炸起來，油馬上瀝乾，
也是絕配。

有機會去西班牙觀光旅行，記得帶上本書，跟隨指引必可尋覓到美味。西班牙餐廳的營業時間與臺灣稍有不同，午餐時間大多是兩點至四點，晚餐是晚間八點半、九點開始，早餐約八、九點開始。西班牙用餐之前，三五好友會先在吧檯點幾杯酒，一邊聊天一邊等服務生準備用餐地方。很多餐廳在平日中午有每日套餐（Menú del día）可以選擇，也建議可以嘗試菜單裡的不同餐點。通常服務生會先問要喝的東西，尤其西班牙夏天酷暑難耐，服務生都希望先讓客人解渴，所以先點飲料後，再慢慢看菜單。西班牙啤酒及葡萄酒都有親民的價格。若是兩人一起用餐，可以一起點一道前菜（Entrante），然後每個人各點自己的主餐（El plato principal）。若是想點鍋飯類料理（Los arroces），餐廳都是特別製作一鍋，所以通常最低需要兩人合點。點了飯類，可以再加一、兩道前菜或是沙拉，最終也建議試試看當地的甜點，不愛甜食則不用勉強，因為西班牙甜點對於臺灣人來說多是過甜。這樣的點菜原則，人多則以此類推。

西班牙美食又是如何定義的呢？就像在臺灣，美味不等同價格高昂，也不是只在旅遊指南上推介的餐廳才是美味。我在當地生活後發現迷人的餐酒館、食品店以及市集，它們迷人的原因是因為食材新鮮、廚藝精湛，更有的是因為店主待人誠懇，讓人可以感受到他們對這行業的熱情。從早到晚都可在不同地點用餐，以下推薦的地點都可以點到一盤盤香醇的橡果放養伊比利火腿（jamón de bellota ibérico），感受一下西班牙人愛好美食和講求人情的氣息。

聖塞巴斯提安 San Sebastián

位於巴斯克自治區（País Vasco）的聖塞巴斯提安市（San Sebastian，巴斯克語 Donostia）在西班牙負有盛名，是聖雅各朝聖之路的北方之路西班牙境內的起點，給予朝聖者做行前補給的好地方。每年舉辦聖巴斯提安國際影展（Festival Internacional de Cine de San Sebastián），是西班牙國內外電影界人士參與的盛會。每年10月的Gastronomika美食展，是美食界的重要據點，不同於西班牙其他美食展以商業為取向，Gastronomika有

↑ 聖塞巴斯提安的海灘及城市。

來自各地不同地區的主廚做發表，多年下來，此展已被認定為美食界專業人士的聚會。近幾年，國際間流行的巴斯克乳酪蛋糕，也來自這城市。另

外更不容錯過這裡餐廳、酒館的竹籤小吃（pintxos），每家餐館各有專精，當地人重視食物品質，更懂得運用新鮮食材。聖塞巴斯提安市，對我來說就是西班牙美食之都的榜首。

1. Bodega Donostiarra 〔餐酒館〕

從Kursaal展演中心步行五分鐘可到達，是愛吃的當地人一定都去過的餐酒館，你肯定也會對它熱鬧的氣氛感到好奇。早上有多樣化的早餐可以選擇，內行人都是點Tostada con tomate y jamón Carrasco（烤麵包配上Carrasco火腿佐番茄），並配上一杯咖啡，這是晨間補充能量的不二選擇。一般時候，很多人在吧檯喝東西，想吃小點的話，也可以在吧檯點竹籤小吃並配上一杯酒。若在這裡待上多天，一定要在這裡享用午餐或晚餐（建議提前預約）。餐廳氣氛輕鬆，料理新鮮，有各種海鮮及時蔬，例如招牌菜，炭烤章魚及海蝦（Brocheta de pulpo y langostinos），或是炭烤伊比利豬肋眼（Pluma ibérica Carrasco）都是常客首選，當然也少不了一盤盤機器現切的伊比利火腿（Jamón Carrasco）。

Peña y Goñi 13, 20002 Donostia-San Sebastián
週一至週五09:00–16:00、18:30–21:00；
周六10:00–16:00、18:30–21:00；週日10:00–16:00
+34 943 01 13 80
https://bodegadonostiarra.com/

左上 餐館不乏掛有一條條外形圓潤的伊比利火腿，
讓顧客知道，這間餐廳是懂伊比利火腿的。

左下 Bodega Donostiarra餐廳外觀，以及露台。

↓ 來這裡用餐不要錯過炭烤伊比利豬肋眼。

←　Restaurante Casa 887
　是聖巴斯提安當地享受美
　味午餐和晚餐的好地方。

2. Restaurante Casa 887〔餐廳〕

　　這家餐廳由一群年輕廚師團隊所組成，回歸從食材出發，並加入不同元素，呈現巴斯克地區的多元風味。他們依據時節更換菜單，不但標明每道菜的食材來源，更標示哪些是當季菜餚，顧客可以更認識西班牙本土的當令食物，品嘗以聖塞巴斯提安的新手法料理的各色風味。在這裡可以嘗到該餐廳聞名的西班牙鍋飯，至於前菜，那就選一盤伊比利火腿，配上一杯巴斯克的白葡萄酒Txakoli吧！

🏠　Calle Gran Via 9, bajo. Donostia-San Sebastián

🕐　週一公休。週二至週六13:00–16:00、20:00–23:00；週日13:00–16:00（中餐與晚餐建議預約）

⚙　+34 943 321 138

🌐　https://casa887.es/

↑　伊比利火腿是該餐廳的前菜首選。

3. Restaurante Narru〔餐廳〕

　　位於市區主教座堂對面，空間大，座位多，僅接受預約，所以不常客滿。主廚佩尼亞（Iñigo Peña）是美食界的新血，以傳統料理為基礎，打造出更細膩的風味。每道菜都可以感受到主廚的用心及精準，多次摘下米其林星星，卻從來不給客人疏遠感。餐廳擺設非常舒適，團隊上下都很親和有默契，是一直不斷進步的餐廳。今年開始也提供早餐，然而只去吃早餐恐怕無法享受Narru的魅力，建議一定要在那兒吃一次午餐或是晚餐。但點什麼好？每天的菜單都不同，基本上是以套餐形式，由餐廳推薦，大可放心，因為每道料理皆讓人滿意啊！

↓ Narru餐廳的內部空間陳設。

🏠 San Martin Kalea, 22, 20005
Donostia-San Sebastián

🕐 週一至週日8:00–21:00（建議
午餐及晚餐要預約）

☎ +34 843 931 405

🌐 http://narru.es/

← 主廚是美食界新血，以傳統料理為基礎，打造
出更細膩的風味。

↓ Narru餐廳的伊比利火腿吐司，是許多人公認
吃過最好吃的吐司了。

San Juan Kalea, 1, 20003
Donostia, Gipuzkoa, 位於
Bretxa晨間市場

週日公休；週一至週六
8:00–14:00

+34 943 427 934

← Iñaki Vega火腿店門面。

4. Charcutería Iñaki Vega〔火腿店，位於Bretxa市場〕

　　想一探聖塞巴斯提安市的新鮮食材，晨間一定要去市中心的Bretxa市場。當地食材應有盡有，其中一家店鋪更是市場之星。不難發現這家店，因為店面掛滿Carrasco伊比利火腿。若想買火腿在路上吃，可以到這家店，店主人是一對夫妻，老闆Iñaki和老闆娘Lourdes都是食材達人，待人親切，尤其遇到亞洲訪客更是熱情。來到聖塞巴斯提安，建議一定要去拜訪他們。店裡除了有美味的火腿，也有多種道地食品如鰻魚、鮪魚罐頭、乳酪等。

TIP：若是買了火腿等豬肉製品，一定要在西班牙境內食用完畢，不能帶上飛機回臺灣。而想在臺灣吃伊比利火腿，現在也買得到Carrasco火腿了！

↑ 老闆Iñaki待人非常親切。

馬德里 Madrid

西班牙的首都，是省名，也是自治區的名字。位於西班牙的中心點，所以馬德里是大江南北的食材集散地。在大城市裡，可以看到西班牙更多元的面貌，有創新前衛，而傳統老店則見證時間無聲的時代感，應有盡有。以下幾家都是我常去的地方，馬德里人的節奏稍快，也許餐飲業人員較巴斯克地區待人冷漠，但是請不要氣餒，馬德里人只是比較慢熟啦。

1. Café Comercial──1887年至今的咖啡館

這間咖啡館已邁入134年，是至今唯一仍保留19世紀風格的咖啡廳，當時人文薈萃，也是馬德里重要的文藝沙龍，常常舉辦座談、西洋棋比賽、文學討論等活動。詩人馬查多（Antonio

↑ 19世紀的Café Comercial咖啡館。

Machado）、諾貝爾文學獎得主塞拉（Camilo José Cela）、劇作家龐塞拉（Enrique Jardiel Poncela）都曾在這裡寫作及聚會，當時有人將咖啡館一隅命名為「馬查多之角」，以紀念詩人在這裡的時光。這裡也是許多當地人第一次吃西班牙油條配巧克力（Churros con chocolate）的地方，據說也是馬德里第一家餐館聘請女服務生（佛朗哥獨裁政權時，女性權益受到很大威脅，不能出外工作，更不能行使投票權等。），咖啡館在馬德里的傳奇性由此可見一斑。

> Glorieta de Bilbao, 7, 28004 Madrid（鄰近馬德里地鐵站Bilbao站）
> 每日8:30–23:00（週末早午餐、中餐、晚餐建議預約）
> +34 910 882 525
> http://cafecomercialmadrid.com，不定期有音樂會等活動在咖啡廳舉辦

↑ Café Comercial咖啡館現今外觀。

儘管Café Comercial現在屬於飲食集團旗下的餐廳,有了現代風格的面貌,仍可以看到年紀較長的職員,咖啡廳的桌子也保留以前的樣子。新東家希望現代風格中仍保有19世紀咖啡廳的風雅。我在2020年疫情之前,還常在這裡看到老顧客,甚至是一些作家在咖啡廳出現。你可以在這家咖啡廳觀察馬德里的人生百態,也可以享受一杯咖啡,坐在當年大詩人寫作時的角落,感受時光的腳步。或是在這裡用餐,還提供精采的早午餐(套餐形式)。除了酒單需要再加強一些,餐點部分選擇多元,可以多方嘗試。

↓ 一整天提供現切火腿及熱食。 ↓ 從以前到現在都有藝文活動在這裡舉辦。

  伊比利火腿的一切

左 Lacabía Chamberí餐廳外觀。　右 女主廚專精於傳統道地的馬德里料理。

2. Lacabía Chamberí〔餐廳〕

　　這家餐廳就像臺灣的家庭式餐廳，空間不大，但是餐點讓你有家的親切感。在馬德里餐飲業如此競爭之地，有傑出的女主廚桑坦諾（Helena Rodríguez Centeno）掌杓，帶給餐廳不同的風格。菜單有多樣選擇，是傳統道地的馬德里料理，如燉牛肚和燉豬耳朵，招牌菜有野生大紅蝦鍋飯、西班牙蛋餅配上薄荷及番茄醬汁，是懷舊風格加上新世代的味道。平日午餐有商業套餐（每日更換），價格親民，雖為套餐但是精緻度不減。若有多一點預算，可以點選菜單上更多精采料理。餐廳酒單也不遜色，內容豐富，特別建議點一盤伊比利火腿配上雪莉酒。這裡也提供兒童套餐。

↑ 招牌菜之一的野生大紅蝦鍋飯。

🏠 Calle de Alonso Cano, 84 Madrid
（鄰近Nuevos Ministerios 地鐵站）

🕐 週一公休。週二至週六13:30-16:00
和20:00-22:00，周日11:00-17:00

⚙ +34 915 98 51 60

🌐 https://www.lacabia.es/

↑ Taberna Averias有超過500種葡萄酒可供選擇。

Calle de Guzmán el Bueno,
50, 28015 Madrid（鄰近
Islas Filipinas 地鐵站）

週一至週三18:00-23:00，
週四至週日12:30-23:00

+34 91 603 34 50

https://tabernaaverias.com/

3. Taberna Averias〔小館〕

　　Taberna的西班牙文意思是小館，顧名思義，地方不大，這裡卻有超過500種葡萄酒可供選擇，也因此Taberna Averias多次被評選為馬德里最佳酒品小吃吧。儘管西班牙的葡萄酒品種多樣，但多數餐廳的葡萄酒單常稍嫌單調，若想探索西班牙不為人知的葡萄酒，或是離島特別的葡萄酒，這邊是不二選擇。可以更認識西班牙各地區風土、不同酒莊的特色及不同年份的酒，配上Tapas或是火腿，享受輕鬆的午後或晚上都可以光顧這裡。

4. Casa Orellana〔餐酒館〕

　　這家餐酒館供餐全天不間斷。對於很多遊客來說，剛開始總難適應西班牙的用餐時間，這家餐廳是遊客的救星，從中午開始到晚上不休息。想在一天之中都有新鮮的熱食，這裡是首選。Casa Orellana距離哥倫布地鐵

左 炸牛奶麵包，配上杏仁糖冰淇淋是完美的結尾。
右 鮪魚沙拉的鮪魚經過白酒醋微微醃製過，非常爽口又可感受到鮪魚的油脂香。

站（Colón）僅需步行五分鐘，也與西班牙購物街Serrano街很近，餐廳顧客都是當地居民居多。主廚薩拉札（Guillermo Salazar）出身安達魯西亞的塞維亞，是廚師界傳奇阿札克（Juan Mari Arzak）的徒弟，多年前在紐約知名餐廳Gramercy Tavern以及Eleven Madison Park擔任廚師。薩拉札有這樣精采的資歷，現在擔綱這家餐廳主廚，讓西班牙菜呈現卡斯提爾的傳統，但賦予精緻的味道，新舊融合，甚是精采。不論哪裡人都會被薩拉札的廚藝吸引。

　　我喜愛的料理有鮪魚沙拉，鮪魚經過白酒醋微微醃製過，非常爽口又可感受到鮪魚的油脂香，還有燉肉料理如雪莉酒Palo cortado燉豬頰肉，以及燉牛肚都很值得嘗試。喜歡葡萄酒的訪客，也千萬別錯過這裡豐富的酒單。最後，要有美好的結尾一定要搭配他的炸牛奶麵包，配上杏仁糖冰淇淋（Torrija de brioche con helado de turrón），這名字聽起來甜到心都蘇了，建議可以兩人點一份嘗嘗。炸牛奶麵包是西班牙常見甜點，近年來不同主廚盡情發揮，將原本簡單的炸牛奶麵包，賦予不同口感，充滿新意。

🏠 Calle Orellana 6, Madrid（鄰近
　　Colón 和Alonso Martínez地鐵站）
🕐 週一至週日12:00-23:00
📞 +34 915 024 182
🌐 http://casaorellana.com/

← 主廚來自塞維亞，是名廚阿札克的徒弟。

↑ 喜歡西班牙等歐洲食品，這家店一定要去朝聖。

🏠 Calle de Serrano, 203, Madrid
🕐 週一至週日9:00–21:00
🌀 +34 911 083 144
🌐 https://coallagourmet.com/es/

5. Coalla Gourmet〔食品店〕

喜歡西班牙等歐洲食品的人，這家店一定要去朝聖。以傳統食品店為基底，裝潢現代，店裡有西班牙最代表的美食小點、歐洲各地乳酪、大西洋鱈魚、伊比利火腿、多種葡萄酒、甜點麵包等，應有盡有，值得一訪。提供早餐，也有簡單的冷盤料理當午餐，或是簡便的晚餐可供選擇，在店裡點酒配上Carrasco火腿及乳酪，這樣結束馬德里的行程也不可惜了。

左 Coalla Gourmet店面外觀。

右 店裡有西班牙最代表的美食小點、歐洲各地乳酪、大西洋鱈魚、伊比利火腿、多種葡萄酒、甜點麵包等。

馬德里傳統市集

馬德里市有許多傳統市場，我熱愛逛傳統市場，即便現代超市滿布街區，但是少了地方特色，也看不到當地多面貌的產物。對於外來遊客，超市給人一種「安全感」，因為標價清楚，也不用跟當地人交談，然而這安全感卻不是安心。西班牙超市近年來發展迅速，大都在少數集團手下，他們削價競爭，許多生產者含淚賣出農產品，也威脅到許多傳統店家和傳統市場。今天在馬德里傳統市場看到的產品，肯定跟在聖賽巴斯提安的市場有很大差異。然而在南北各地的超市，儘管距離800公里遠，賣的東西基本上都是一樣的。西班牙許多傳統市集都已經成為歷史，希望大城市的傳統市場要撐住，因為城市的風景和人情，還是要去一趟傳統市場才找得到。

建議訪客可以看看住宿區周邊有沒有傳統市場（mercado），例如 Mercado San Fernando、Mercado de Chamberí、Mercado de San Ildefonso、Mercado Vallehermoso聚集多元小吃，是中午、晚上可以去打牙祭的地方。Mercado San Fernanado和Mercado de San Ildefonso是以街頭小吃的理念而打造出來的市場，融合西班牙式和亞洲、美洲的元素結合出的菜色，設有許多攤位，有吃的也有喝的，是週末馬德里人的聚集地。

喜歡看看當地的農產品，可以去Mercado de Antón Martín、Mercado Barceló或是Mercado de la Paz。Mercado de Antón Martín邁入第80年，近年來許多小吃攤進駐市場帶來更多熱鬧氣氛。而Mercado de la Paz環境舒適，

商品的品質及價位都偏高，市場內有一間平價小酒吧Casa Dani，常常高朋滿座，逛累了可以在那裡吃西班牙蛋餅或是豬頭皮，份量慷慨，點幾道小菜即可飽食一頓。

1. Charcutería Ovejero〔火腿店，位於 Barceló市場〕

這間火腿店位於馬德里Barceló市場，市場很熱鬧，是附近居民採買新鮮食貨的好地方，菜鋪、魚鋪、肉鋪、麵包店應有盡有，光是火腿店就有七家。Jamonerías Ovejero是一家令人非常放心的火腿鋪，依照顧客需求給建議，店鋪有Carrasco伊比利火腿及香腸，也有醃製風乾牛肉（cecina）。

↓ 老闆依照顧客需求給購買建議，非常專業。

🏠 Mercado Barceló, 6 , Madrid

🕐 週日公休，週一至週五9:00 -14:30、17:30 -20:30，週六9:00 -15:00

薩拉曼卡 Salamanca

薩拉曼卡是西班牙最負盛名的大學城，也是Carrasco伊比利火腿熟成風乾的省分。鎮上的主廣場（La Plaza Mayor），與馬德里的主廣場相似，都不是四四方方卻又給人意外的和諧感，到了週末熱鬧非凡，夏天可以看到露臺一群年輕人穿著中古世紀服飾，彈奏樂器唱著歌（Tuna）。

↓ 薩拉曼卡主廣場的夜晚。

↓ 進入薩拉曼卡舊城區的街景，有多梅士河（Río Tormes）流經此區。

↑ Las Tapas Gonzalo樓上用餐區，
可看到市鎮廳及廣場。

🏠 Mesón de Gonzalo
　 Plaza del Poeta Iglesias 10, Salamanca

🏠 Las Tapas de Gonzalo
　 Plaza Mayor, 23, 37002 Salamanca（樓上用
　 餐區不定期有私人聚會等活動，想在樓上用
　 餐最好提前預約）

🕐 週一至週三13:00–16:00；週四至週六13:00–
　 16:00，19:30–22:00；週日13:00–16:00

☎ +34 923 217 222

🌐 https://www.elmesondegonzalo.es/

1. Las Tapas de Gonzalo〔餐酒館〕

　　位於主廣場，在廣場備有露天座位，週末常常座無虛席。這家餐酒館提供各色Tapas，也可以在這裡用餐，建議可以預約樓上靠窗的座位，面對市鎮廳並俯瞰主廣場。若是天氣熱吃不下東西，可以點伊比利火腿（Jamón ibérico de bellota Carrasco）或是里肌香腸冷盤（lomo ibérico de bellota）、炸得酥脆的伊比利火腿西班牙可樂餅（Croquetas cremosas de jamón ibérico）。想吃炭烤肉類，這裡也有多樣選擇。白天和夜晚各有特色，在夜晚用餐有市鎮廳的橘黃色燈光相伴，更增添卡斯提爾的古典風情。

↑ Mesón de Gonzalo的外觀。

2. Mesón de Gonzalo〔餐酒館〕

↓ 手切Carrasco伊比利火腿。

距離主廣場100公尺，位於主廣場東南側的Poeta Iglesias小廣場，餐廳很引人注目，分為室外露天座位和室內兩個樓層。室內一樓是朋友聊天或輕鬆用餐的地點，鄰近吧檯有時比較嘈雜，若想舒適用餐，則可以到地下一層的comedor（用餐區），建築是18世紀留下的，內部具有傳統卡斯提爾里昂自治區的特色。Mensón de Gonzalo是薩拉曼卡的餐飲界指標，餐點多為當季菜色，有現切的伊比利火腿、豐盛的農家傳統菜餚、精緻的風味，如現烤乳豬（cochinillo asado）、烤羊排（chuletilla）、也有多樣的鍋飯根據季節做變換。餐廳的食材供應全來自西班牙知名的生產家，可列為到薩拉曼卡一定要試試的餐廳。

↑ Mesón de Gonzalo餐廳是18世紀建築，具有傳統卡斯提爾里昂自治區的特色。

巴塞隆納 Barcelona

　　巴塞隆納是匯集多元文化於一身的城市，融合各種元素後自成一格，走出不同的路線。因為靠海，連空氣都跟馬德里截然不同，飲食習慣上以地中海的風味為基底，像是為人熟知的烤麵包加上番茄、也可以嘗到不同的海鮮鍋飯類和海鮮細麵。當然也有香味濃厚的農村料理如火烤大蔥佐醬（Calçots con Salsa Romesco）或是香腸配燉豆子（Butifarra con alubias）。受到上世紀義大利移民的影響，還可以吃到本地化後的義大利菜餚，如當地在聖誕節後一天，家家戶戶都會吃義大利捲卡乃龍（Canelones）。在各個街角，各家廚房散發各式菜香，小餐酒館或名廚餐廳都能滿足你好奇的味蕾。

1. Resturante Mirabé〔餐廳〕

　　餐廳位於一般外國遊客觀光路線外的地區，儘管少有外國遊客，卻非常適合全家大小來用餐。位於巴塞隆納西北方Tibidado山的半山腰，山下有電纜車可以搭乘往上，越往高處可以俯瞰整個巴塞隆納市景，附近有一家遊樂園Parque de atracciones Tibidabo，大人小

> 🏠 Calle Manuel Arnús 2, Barcelona（Tibidabo 大道尾端），可以乘坐電纜車上山
>
> 🕐 週一及週二公休；週三到週日13:00–17:00，20:30–23:00晚餐時間不定期做更改，可電話詢問或在官網預約
>
> ☎ +34 934 185 880
>
> 🌐 http://www.mirabe.com/

↓ Mirabé餐廳露臺，白天可以俯視整個巴塞隆納大城，遠眺聖家堂。　　↓ 夜景也很迷人。

孩可以一起同遊，景色和周圍建築都非常優美。玩樂一天後，可以到附近的這家餐廳Resturante Mirabé，擁有巴塞隆納最美的夜景之一，非常適合和家人或伴侶來場浪漫約會。這邊的前菜有多種選擇，海鮮和各種海鮮飯是這裡的強項，每天都有當季魚獲（Pescado de lonja），可以詢問服務人員，服務用心動作也快。

　　若是自行駕車，這邊比較不好停車，經過餐廳繼續往上坡行駛五分鐘有停車位。

↑ 招牌菜之一的蔬菜鍋飯（paella de verduras），
淺鍋飯帶有一點點飯香與焦香。

2. L'Arroseria Xátiva〔餐廳〕

　　Arroseria是加泰隆尼語和瓦倫西亞語「很會煮飯的地方」，同西班牙文Arrocería，是以飯出名的餐廳。這家餐館營業將近30年，創始人來自瓦倫西亞自治區的Xátiva鎮，當地以製作海鮮飯等鍋飯料理聞名，當時舉家遷移至巴塞隆納作飯，沒想到廣受歡迎，多年來在巴塞隆納已小有名氣，在市區共有三家餐廳，都由家族成員經營，由二代掌廚，海鮮飯是煮得越來越香。前菜除了建議伊比利火腿，也推薦他們的炸物，主餐當然就是鍋飯，若想要鍋飯內含有湯汁，就選擇菜單上出現caldoso含湯汁的，或是meloso油滑順口的。

↑ 開胃菜一定有Carrasco伊比利火腿。

🏠 L'Arrosseria Xàtiva Gràcia
　　Carrer del Torrent d'En Vidalet Barcelona
　　（位於Gràcia區）
⚙ +34 932 848 502
🏠 L'Arrosseria Xàtiva Les Corts
　　Carrer de Bordeus, 35, Barcelona
⚙ +34 933 226 531
🏠 L'Arrosseria Sant Antonic
　　Carrer de Muntaner, 6, Barcelona
⚙ +34 934 195 897
🕐 週一至週日12:30–17:00，20:30–23:00
🌐 https://www.grupxativa.com/reservar/

3. Mas Gourmets〔火腿食品店〕

　　說到巴塞隆納的火腿店專家，一定會提到Mas Gourmets。1945年由馬斯（Joan Mas）成立的火腿食品店，從1940年代就了解好品質火腿的重要性，直接與最好的火腿生產商合作到現在。至今是火腿食品店的代表，並在巴塞隆納有多家直營店。在Boquería市場有五個據點，市內則有其他四家店，可請店家現切或是機器切Carrasco伊比利火腿，火腿食品應有盡有。

🏠 Mercat de la Boqueria（Boqueria市場）
　　La Rambla, 91 BCN 08001

🕐 週日公休，週一到周六 08:00-20:00

🏠 Mas de Gracia
　　C/. Gran de Gracia, 93 Barcelona

🕐 週日公休，週一到週五 09:00-14:00、17:00-20:30，週六 09:00-14:00

🏠 Centre comercial L'illa Diagonal（L'illa Diagonal百貨公司）
　　Centre comercial L'illa Diagonal 2樓（西班牙的1樓）。2樓美食區都是
　　西班牙特色食物，建議去逛逛。Avda. Diagonal, 557 Barcelona

🕐 週日公休，週一到週六09:30-21:00

🌐 http://www.masfoodlovers.com/

Chapter **8**

伊比利火腿的迷思

西班牙人喜愛火腿，
部分是受傳統飲食習慣的影響，
更多的是感情的寄託。
有句諺語說：＂Al viajero jamón, vino y pan casero.＂，
意思是：「若是要遠行，一定要將火腿、葡萄酒，
以及家裡做的麵包帶進行囊。」
因為火腿帶著方便，又有營養價值。
對於在外的旅人也方便，不需要料理，
一片片火腿就可以飽餐一頓。
儘管現在大家飲食習慣慢慢改變，
但問起西班牙人喜不喜歡伊比利火腿，
除了素食者，大家一定都用力點頭說喜歡；
甚至有較彈性的素食者會說：
「我不吃肉，但是我吃火腿。」
西班牙連續多年被世界衛生組織（WHO）
統計為全世界平均壽命最高的國家，
多數人認為與西班牙的自然環境和飲食習慣密切相關，
讓平均壽命有所提升。
西班牙還有句諺語說：
＂Quien toma vino y jamón, no padece del corazón.＂，
意思是：「常吃火腿，配上葡萄酒，可以遠離心臟疾病。」
這說的是概論，但是經過橡樹林放養的伊比利火腿，
的確可以預防心血管疾病，
當然也需要配合健康的生活方式，
長壽國的範例可以學習。

這一章針對讀者的疑問，提供詳細的解釋及答案。我蒐集了多年來很多客人問我的問題，有些是西班牙餐飲業者，有些是食品進口商，也有很多主廚提出的問題，都集結在這裡。

1. 總之，該怎麼享受一盤伊比利火腿？

一定要回溫。在臺灣，若西餐廳有伊比利火腿，而廚房通常溫度偏高，所以不難有一盤回溫好的火腿。餐廳現切火腿，切工很重要，不應該太厚或是太大片，顏色若為酒紅色、肉質太乾，那就是火腿已經氧化過度了。建議餐飲業者，可以選用去骨後腿，以機器切片，效果將比手切來得好，也不會有手切火腿的高耗損率。若是需求量不大，則建議選用切片真空包。買切片真空包，需要確定為原裝，才是西班牙切肉師傅直接切好，他們有精準的刀工，每份都分配到火腿不同的部位。不論餐飲業者還是自己在家享用，從冰箱拿出，打開之前用水龍頭的熱水沖上表層，半分鐘後直到火腿表面脂肪融化，就可以拆封。塑料包裝用剪刀剪開，開口剪成像是書本狀，掀開包裝就可以夾起一片片火腿擺盤。

如果急忙從冰箱拿出就直接吃，實在太可惜，因為橡果的香味在低溫是釋放不出來的。擺盤後，可以直接手捏起來吃，Carrasco伊比利火腿鹹度低，不會對身體造成負擔。也可以配上小麵包，建議是法國長棍麵包，沒有味道的，因為和火腿一起吃，不建議有口味的麵包，更不要有太複雜的味道。

火腿切片包需要儲存於冰箱。

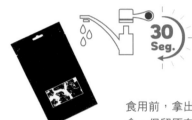

食用前，拿出冰箱，去除外包裝紙盒，保留原有的塑料包裝，用水龍頭的熱水沖約半分鐘，直到火腿表面油脂漸趨透明。

直到包裝表層油脂呈現透明，即可用剪刀剪開包裝。火腿一片片拿出來擺盤。

2. 市面上賣的伊比利火腿，100%才是最好的嗎？

　　這個問題問西班牙人，他們吱吱嗚嗚也不知道怎麼回答。臺灣進口火腿的行銷上，或是網路上的資訊，都說這是西班牙伊比利火腿的「分級制度」或是「血統純正分級」，這誤會真的大了。對於亞洲消費者的行銷手法，只要標上有「分級」、「正統」、「皇家」，或是什麼「國王」就引人注目，刺激銷售，因為消費者感覺有個背書，但是沒有考慮到這是市場的廣告手法。西班牙現今政體是議會君主立憲制，西班牙王室不為任何產品背書，因為國家所有產品都是在同一陣線。而身為國家形式上的代表人，推薦某個產品，對於人民有何不食肉糜之感，而且要怎麼對其他廠家交代，這對大眾的觀感都不好。在英國，似乎有許多產品是因為英國女王愛用而得名，或是冠上英國女王之名，然而西班牙則不如此。對外，沒有國王茶，更沒有什麼王室御用的火腿。當你看到西班牙產品的用字提到王室，都是以一些虛字讓消費者誤以為真。

　　首先，伊比利火腿上所標示的百分比，是伊比利豬的品種百分比，而不是吃了多少橡果的百分比。這種標示，是近幾年才有的分法，有助於西班牙農業部和伊比利豬專業協會（La Asociación Interprofesional del Cerdo Ibérico）統計伊比利豬隻的數量，但是對於大部分消費者，資訊不透明，或是行銷策略沒有考慮到真實情況，便造成許多消費者誤會。

　　100%伊比利種，豬隻體型比較小，有大量肌肉外脂肪，腿的肉較少，所以當一隻100%伊比利豬腿進行風乾熟成時，需要注意不能經過太長時

間，因為肉質容易乾硬。西班牙在19世紀以前，各地區物盡其用，畜牧種類大都遵循這樣的傳統。例如西班牙南部哈布果鎮，傳統上，習慣飼養純種伊比利豬，因為當地居民喜歡味道濃厚、肉質比較硬的口感。而西班牙西北部，吉湖埃洛地區的人民喜歡有肉感的鮮醇、肉質較多汁的火腿。因此，人們想讓伊比利豬種結合其他豬種的優點，所以有純種的伊比利豬配上其他西班牙的原生白豬，有不同的伊比利豬種比例，就是所謂的50%、75%跟100%的區別。這是美麗的部分，大家喜好不同，有些人偏好一種風味、一種口感的火腿，有些人則有不同的選擇，

到了2019年，在西班牙哥多華大學教授佩德洛長期研究下，證實：

伊比利火腿的優劣主要取決於：伊比利豬隻在橡果季節是否放養得宜，攝食足夠的橡果。

其他影響因素為豬隻的年紀，需要放養至少18個月，太年輕的伊比利豬並不適合食用也不建議加工製作成火腿。最後影響伊比利火腿的因素，才是伊比利豬種的比例。

判斷伊比利豬優劣的方式：飼養方式＋豬隻年紀＋品種＝伊比利火腿風味。

並非僅由伊比利豬種的百分比做為比較，這樣就小看了各地伊比利火腿廠家和他們的傳統了。最終，要相信自己的感官評鑑，喜歡哪種火腿由你決定。

3. 伊比利火腿前腿及後腿有什麼不同？

這是大家在西班牙熟食冷肉店（Charcutería）常問的問題，甚至有人以為買的是後腿，但其實並不是的窘境。

伊比利橡果放養前腿（Paleta ibérica de bellota），是豬的前肢：肩膀至豬蹄；後腿（jamón）為豬的後肢：臀部及大腿至豬蹄。先從外觀來說，同一隻伊比利豬的前腿比後腿短，體積也相較小許多，前腿長度大約60至75公分，重量為五公斤左右，切前腿時會發現橫切面比後腿窄小許多。一隻後腿長度為70至90公分，重量大約七公斤半，也有高達十公斤的伊比利後腿。

以肉質來說，前腿的肌肉組織具有較多纖維，口感相較後腿比較有韌性，顏色偏向櫻桃紅。由於體積小，經過熟成風乾後味道濃郁。前腿整體的含肉量較少，並帶有高度外層脂肪，一般消費者不容易切。建議可以買已經去骨的前腿，家裡若有切肉機，可以自行切片，否則可以選擇切好的真空包裝。以切片包來說，整體的肉質架構非常完整。機器切片的好處是每一片火腿肉質相近，適合直接吃、放入沙拉當配料、放入三明治、配上炸馬鈴薯等，都是很好的搭配。前腿味道濃郁，很多人拿來入菜，可以讓菜色提鮮並增加色彩。

伊比利橡果後腿（Jamón ibérico de bellota），在西班牙有人說是貴族中的貴族（noble de los nobles），經過三到四年的風乾熟成後，帶來的是肉質上完全的改變，結合火腿風乾場當地氣候和季風，形成一條條擁有當地風

味的火腿。一片火腿中可以感受到不同的口味層次，不同的脂肪結構在口中發生的變化，是豐盈並醇厚的，味道強度比前腿淡雅，但是非常鮮甜。每一片的味道不同，帶來的感官體驗層出不窮。

西班牙各地區有不同的飲食習慣及傳統，有時自成一格，有時顯現該地區的獨特。例如在加泰隆尼亞自治區，人們習慣買前腿，而巴斯克自治區人民愛好脂肪充足的後腿。當然這沒有一定，但是可以看到不同地區的喜好差異。以價格來說，前腿的價格比後腿來得經濟實惠，也因為體積較小，在西班牙可見作為公司送禮等用途。要特別注意的是，西班牙明確規定標籤需要標明是前腿或是後腿，千萬不可以魚目混珠，在餐飲業也是，菜單上需要標明是前腿還是後腿。

不論前腿或後腿，要有好品質的橡果放養伊比利豬，祕訣在於豬隻的「慢」養成，橡果季的放養是關鍵——豬隻攝食足夠的橡果和新鮮野草；火腿進到風乾場後，配合氣候、溫度以及時間給予風乾的節奏。火腿外表進化到另一個階段，氣味也因為熟成而釋放香氣，這時就是一條條火腿被分裝，或是切片到各位手上。了解兩者的差異，選購時可以依據個人喜好做選擇。

4. 伊比利火腿熟成時間越多年越好？

這個問題在亞洲國家常常聽到，常有香港客人問火腿熟成是不是很多年。然而，不同種的火腿製程不一，品質的好壞，需要由多方面來看。

伊比利火腿熟成到香氣足夠、味道肉質俱佳，需要考慮的第一點，就是伊比利火腿的品質。來自橡樹林放養的伊比利豬，有足夠的年齡，那就是好品質斷定的第一步。火腿在風乾場，經過大自然的溫度、山風洗禮，每分每秒在微生物的加持下，肉質都在進化，是一種熟成的步驟，讓鹽醃之後的鹽分慢慢地滲透進肉內，則是風乾及熟成的步驟。

　　依據火腿廠所在的氣候，不同火腿廠有不同的時間標準。在西班牙南部，夏天溫度非常高，所以火腿鹽度滲透度快，加速熟成，所以後腿通常在三年以內完成風乾的步驟。然而在西班牙以北的地區，例如吉胡埃落，因為氣候特徵不同，熟成時間也較長。

　　伊比利豬的前腿體積較小，風乾成熟快，橡果等級放養的伊比利前腿，通常風乾熟成期間為兩年，而後腿是三年的熟成，火腿師傅依據當年的氣候狀況，以及每隻火腿的大小做判斷。要了解你買的火腿的年份，整隻前腿和後腿，都可以依據火腿上的印記數字判定，豬隻屠宰後的加工日期，前兩碼是週數，後兩碼是年份。

　　然而要注意的是，火腿熟成越久，肉質變得越乾、味道也越來越鹹。若要後腿是三年以上的熟成，建議是九公斤以上的大隻火腿，這樣四年的熟成是可以的。但若是七公斤的小後腿，三年的熟成則是足夠的。所以下次當你聽到有人說越多年熟成越好，就知道要如何判斷。

5. 火腿中的白色小點是什麼？

在風乾成熟的火腿切片中，時常可見到小小的白點，大小為半顆米粒，許多人誤認是鹽巴結晶，非也。鹽巴在多天的醃製過程後，火腿一隻隻被溫水洗淨，直到沒有鹽巴。再者，鹽巴在火腿中是滲透作用，經過鹽醃後鹽分會進入肉內，但是用肉眼是看不到的。白色的小點，是蛋白質隨著時間在肉裡產生的變化，成為小小的結晶，是酪胺酸，西班牙文是Tirosina，是一種胺基酸，也是在起司中常見的結晶體。火腿肌肉部分，有白色小點是正常的，是風乾過程中會出現的現象。

↑ 火腿肌肉結構中，有白色的斑點，這是蛋白質結晶，是天然風乾火腿的正常現象。

也有人認為，火腿中有這些蛋白質結晶，可以判斷是優質的火腿，其實不完全正確。不論是伊比利火腿，或是賽拉諾火腿，只要經過天然的風乾熟成，都可以看到蛋白質結晶的小白點。但不會因為有蛋白質的結晶，就判定是優質的火腿，這僅是天然風乾的一個憑證。

　　另外特別說明的是，有兩個狀況需要注意：

① 整隻火腿在緊靠髖骨的切面發現有白點，大小如砂粒般密集，會移動，這是塵蟎的一種。火腿廠在風乾的步驟都特別小心，師傅會用豬油覆蓋髖骨部分，就是要避免蟎的入侵。若在切整隻腿時發現這樣的情形（機率非常小），這時切除受被影響的區域，就不會影響到其他部分，然後向供應商或是購買店家反映這問題。現在火腿廠品質管理越趨嚴格，若有火腿有蟎的入侵，火腿廠就要檢查同個場域的其他火腿。

② 切片表面發霉：伊比利火腿在自然風乾的過程中，外表漸漸被微生物包圍，這些真菌是風乾過程中，每家火腿廠賦予火腿的最後一道香味。若收到整隻真空包裝的火腿，則不會有明顯的黴菌。食用前，火腿外皮都要去除，外層有黴菌是正常的，沒有問題。當一整隻火腿沒有在短時間切完，表面過了幾天也會有真菌的生長，這時以廚房紙巾，沾上一點點葵花油把有黴的部分擦掉，經過這道清潔手續後，切掉原本長黴的地方，就可以繼續切火腿。食物長黴在我們的印象中就是壞了，然而伊比利火腿的黴是幫助熟成的環節，為

了美觀和口味，黴菌部分都要切除。

若買的是真空包裝，尚未打開包裝便發現內部有黴菌，這是真空包裝不良所致，可向店家反映，請他們更換真空包裝良好的火腿。當你買了火腿切片，打開後沒有當天食用完畢，就要用保鮮盒儲存於冰箱，並在兩天內食用完畢。這並非火腿會腐壞，而是切片包一打開，接觸到空氣就開始氧化，肉質會變硬變乾柴。

6. 吃伊比利火腿會變胖嗎？需要把脂肪部分切除嗎？

切整隻伊比利火腿時，需要去除外皮和多餘脂肪。而優質的橡樹林放養伊比利火腿，外層脂肪相當多，需要去除外層脂肪，留下一層薄薄的白色脂肪層，可以看到內部粉紅部分。從這裡開始切火腿，油脂與肉形成黃金比例，是最剛好的。

伊比利豬經過橡樹林的放養，在秋冬時節的橡果季在橡樹林到處覓食，吃下足夠的橡果以儲存脂肪。豬隻在這段時期彷彿變身，讓牠們完全不同了。伊比利豬種不如白豬蓄脂容易，要儲存脂肪並非易事，得攝取足夠的橡果，而橡果的成分為澱粉，以及大量的植物性脂肪，給予伊比利豬隻足夠的營養和脂肪來源。一旦食用足夠的橡果，伊比利豬就會有外層脂肪和肌肉內的大理石般脂肪紋路。經過橡樹林放養的伊比利豬火腿，含有槲皮素，是一種高抗氧化的黃酮醇。另外油脂含有高油酸，都是優質的脂肪，可以降低膽固醇和三酸甘油脂，也有很高的維生素E1、B1、B6、B12

及豐富的葉酸等營養成分。另外，火腿富含骨骼和軟骨所必需的礦物質，每100公克的伊比利火腿，熱量僅含242卡路里。營養價值顯著，卻不造成身體的負擔。

若是購買整隻去骨的後腿，基本上外層脂肪也經過清理，稍微修飾過後即可上機器切片。若是購買切片包，在火腿廠切片時多餘部分都去除了，留下的脂肪都是火腿精華部分。所以，食用伊比利橡樹林放養的火腿，是不會讓人變胖的。

↑ 伊比利火腿的脂肪是火腿香味的來源。

7. 除了書中提到的酒品搭配，還有哪些飲品可以搭配呢？

　　餐酒搭配大都很主觀，跟個人喜好、生長環境，甚至當天天氣都有關係。個人獨享，還是與人共食；若是獨享，有藏私、也有犒賞自己的作用。三五好友的聚會，有人準備火腿，有人選酒，其他人回溫火腿，一起享用，讓食物更加美味。當然懂得搭配的前提，就是要先了解伊比利火腿的風味，這也是我寫這本書的初衷。

　　在伊比利火腿搭配中，只要知道過甜的飲品，以及口味太重的飲品都不適合。知道了伊比利火腿的風味，再去了解飲品，就可以知道兩者是否契和。橡果放養的伊比利火腿，最具有香味的部分是它的脂肪，是橡果的化身，可佐以有氣泡的飲品，但是不建議汽水、可樂等飲料，因為甜味會蓋住脂肪淡雅的香氣，這樣一來吃不出火腿的口感，也嘗不到香味。

啤酒是非常適合的飲品

　　西班牙的啤酒從原本大家當水在喝的飲品，這十多年來有相當卓越的發展，商業化啤酒集團併購一些有特色的地方啤酒廠，平衡了一些商業化氣息，也讓地方啤酒被更多人認識。其中不乏各地區的精釀啤酒，強調當地特色，也有啤酒廠使用有機原料而成特色。臺灣的啤酒發展更是超前，發展出多種精釀啤酒，但是與伊比利火腿的搭配，其實少即是多，用口味不複雜的啤酒就好。

伊比利火腿腿前側和臀部的部位，多層次的味道，耐人尋味，餘韻綿長。可以搭配IPA（India Pale Ale）啤酒，IPA含有較多啤酒花，可以讓口中的味道歸零，帶有一點點苦味，所以伊比利火腿搭上IPA是可以的，但是要選擇味道強烈一點的伊比利火腿部位。

　　腿後側油脂豐富，鹹度適中，帶有一點點甜度，適合搭配PALE ALE類型的啤酒。PALE ALE在高溫下（約18至24℃）與表面酵母一起發酵，發酵時產生的香味分子多元，有些富含果香，有些則有香料的氣味，跟伊比利火腿搭起來相當精采。

　　以伊比利火腿整體而言，可以搭配ALE 以及LARGER，都是開胃搭配開胃菜的首選。臺灣啤酒當然是在地首選，不論是經典或金牌搭配起來都很適合，喜歡啤酒綿密口感，也可以配上麒麟啤酒。臺灣常見的用餐習慣是一酒到底，西班牙則是開胃小菜時搭配啤酒，配餐是氣泡酒或白葡萄酒，再來是紅葡萄酒。用餐尾聲可以點個甜酒，或是依據你在西班牙的城鎮，以當地特色甜酒或地區烈酒做收尾。當然也不是說吃一頓飯需要開五瓶酒（有何不可），只是西班牙看待菜色和酒一樣重要。要會點菜，也得配對酒。

來杯茶吧！

　　每次從臺灣回西班牙時，總是請媽媽幫我準備幾包茶葉，茶葉真空包裝成一小包，茶葉的一生蜷縮在那圓柱形的茶盒，也把臺灣獨特的香味蜷

縮進去。許多西班牙朋友透過我而認識臺灣茶，既順口又芳香，擄獲西班牙人的心。有一次我泡茶給同事喝，法蘭西斯提議說，配配看我們的火腿，伊比利火腿和臺灣茶肯定合適。我將火腿回溫，依據火腿不同部位，請辦公室同仁搭配看看，果真是一大發現。

豬肘Jarrete，是火腿多筋的部分，香味濃郁，多汁易咀嚼。可以搭配鐵觀音、包種茶、高山烏龍等。伊比利火腿與這些茶品配合下，滋味更加醇厚，茶香不但使口中的火腿盡情發揮，更保住火腿的鮮味。

腿後側Maza，是火腿肉質中細緻的部分，粉紅色澤配上大理石般的脂肪紋路，讓人一吃就停不下來。因為肉感豐富，可以搭配三峽碧螺春、龍井或是蜜香茶，都可以嘗出火腿細膩的口感，香濃的橡果脂肪，伴隨著茶香及淡雅的花香，在口中化開，體現出中西合璧的最佳搭配。

腿前側Babilla，味道濃郁，肉質較精瘦，但是仍保有油潤感。可以搭配味道鮮活的紅玉、蜜香等紅茶，臺灣紅茶喝起來均勻結實，卻保有婉約的口感。英國紅茶則不建議搭配，因為重焙又是細碎茶葉，茶湯太濃，壓制火腿，使得火腿風味盡失。

臀部Cadera，是火腿最柔軟的部分，油脂以網狀分布，口感溫順，風味口感俱佳。可以配上東方美人茶，茶香帶有水果成熟的香氣，搭配起火腿的圓潤、豐盈，茶與火腿的氣味，彼此切磋又相互釋放。

以不同角度體驗
西班牙吃的文化

　　很多西班牙朋友認識我時，常常問我住在西班牙多久了，老實說我沒認真計算過。大約是在西班牙經濟危機，國家陷入低潮時，我來到西班牙。這些年來，身為住在西班牙的臺灣人，不忘記自己身分，但連一分一秒也不願意錯過這國家的人事物。常常朋友開玩笑說，我是披著亞洲人外皮的西班牙人，我想有部分的確如此。在臺灣大學一畢業就離開母土，我相對比較熟悉西班牙的環境，而朋友、同事大都開朗親切，善解人意，就這樣一年年過去，我在西班牙紮了根。網路等媒體報導，常常用以偏概全的方式描繪這國家，也讓樂觀的西班牙人不勝其擾，他們得耐心解釋其實在西班牙睡午覺並非常態。人民也許樂觀，但是不等於懶散。這次動筆寫西班牙伊比利火腿，除了是我自己的專業，更希望用文字讓更多人看到西班牙更深入的面向。若是你在閱讀中得到幫助，或是有所共鳴，對我都是一大肯定。

也因為多年沒用中文寫作，寫書過程中常常不禁屏氣，深怕一呼吸讓原本想好的句子就散了。再次謝謝奇光出版社以及主編曹慧給予出版機會，並打理文字書稿，讓此書得以見光。我很感謝Carrasco伊比利火腿廠兩位老闆：阿塔納裘（Juan Atanasio Carrasco）和法蘭西斯（Francisco Carrasco）。與其說是老闆，更像是我的導師和工作好夥伴，他們是公司第四代傳人，從我踏進公司第一天直到現在，我仍在佩服著他們不與現實妥協的初衷與堅持。同事阿麗‧瑪克（Alicia Marcos）是我工作上的模範，同為女性在都是男性的傳統產業，我們闢開一條道路，繼續往前。

　　謝謝西班牙官方導遊儷瑾、作家凱若，以及西班牙小婦人寫推薦序，身為新人初次寫作有她們的支持，讓我感到幸運。Astobiza酒莊的主人Jon，當他知道我在寫書，便根據Carrasco伊比利火腿的特性，幫我聯繫到西班牙數十家酒莊主人，並願意接受我的拜訪。那些酒莊願意幫我配酒，不僅是一個簡單的約定，而是Jon的為人善良，在同業中總是受到青睞。儘管疫情限制多，我仍由南到北一一走訪完這些酒莊，嘗試不同酒類的搭配，並選擇出最適合火腿的葡萄酒。

　　最終感謝我的先生在旁的陪伴，寫書的這段期間，有了另一半的體恤，讓書寫的過程十分愉快，更是一種享受。

陳又瑜

2021年5月，寫於馬德里家中

Del cerdo ibérico me
gustan hasta los andares

插畫：春語　Amelia

懂伊比利火腿的行家
選擇CARRASCO█火腿

快速掃碼

即日起至2022/7/31止，憑優惠代碼「CABOOK」(限單次使用)，至MiVida就是生活官網購買「西班牙 CARRASCO 橡果放養伊比利火腿經典前後腿禮盒」，即可以$1,999優惠價購買(原價$2,250)並享有免運費服務。

"火腿界中的愛馬仕"西班牙 CARRASCO 橡果放養
伊比利火腿經典前後腿禮盒

www.mivida.store